日本老舖居酒屋，乾杯！

施清元——著

日本老舖 居酒屋 カンパイ 乾杯

推薦序

說故事的人

比才 —《家酒場》作者、比家的日式餐桌主理人

清元是一個說故事的人，用文字及攝影說故事。

他永遠相機不離身，斜揹著一個半開的包包，相機就擺在包包裡一秒內可立刻取出的範圍，走在路上、在地鐵捷運上、在風景區在餐廳、在任何地方，隨時準備好舉起相機。鏡頭是他雙眼的延伸、思緒的定格，說他抓得到被攝者的靈魂，或許言重了，但那人當下的心境與喜怒哀樂在他的鏡頭下，幾乎一覽無遺。特別是笑容，看他拍的作品，照片主角彷彿就在面前，對你敞開心房。

居酒屋大概是最能捕捉到人們毫無防備的神情的地方，帶著一整天累積的疲憊與等待發洩的心情來到居酒屋，或許單獨一人，或許三兩朋友，不論身上承載

了多少情緒，幾杯下肚，平時再嚴肅內斂的人，表情都會不自覺柔和起來。

或許，這是這本書的起點也說不定吧。走進一家店，點兩道小菜、一壺酒，邊喝邊望向四周的人們。白天裡，每個人都有各自必須面對的生命課題，他們可能是大公司的高層、小職員、建築工、黑道混混，也可能是流浪海外的遊子，但來到居酒屋裡，不論你的來頭與出身，人人都是平等的，在那壺酒面前，大家終究會露出真實的表情。

而清元拍下了那些表情，我以為這是這本書非常珍貴之處。

說故事有很多方式，文字是一種，攝影也是，同時精於這兩者的人，或許不是那麼常見，但在這本書裡，我們有幸能同時看到文字與攝影的兩種脈絡，分別以各自不同的特性，訴說居酒屋的故事。

我想建議各位，不要只把書裡的照片當成文字的搭配。它當然是配圖沒錯，畢竟讀著某家店的介紹文字，再看一眼隔壁的照片，藉以了解店裡賣些什麼食物、氣氛如何，是一本介紹居酒屋的書該有的基本。但當你跳開以文字為主體的想法、翻過書頁，只專注於照片時，你會看到另一個故事脈絡。

你會看到老鋪居酒屋特有的色澤，為這本書鋪上溫暖的基底；會看到一些彷彿連續的照片，感受到時光的流動；以及更重要的，許多照片裡都有人，店主、酒客、男男女女各色各樣的人們與他們的神情。細讀下去，你一定能從這些神情上想像他們的一天、想像場景裡的對話、想像他們的心事。有時我們會說「人生百態」，在現在的年代聽起來像極了老生常談，但在居酒屋裡，真的是這麼一回事，而這些，是不需要文字就得以訴說的故事。

二〇一九年深秋，我與清元在東京碰面，相約百年老鋪「鍵屋」，同行還有幾位熟朋友。那天他風塵僕僕從北海道趕回東京與我們會合，現在回想，我們也參與了這本書的一部分呢。

這本書介紹的居酒屋貫串日本南北，他造訪了超過百餘家居酒屋，雖然最後無法每一間都收入，但得以在寶貴的頁面占有一席之地的，都是值得一訪的好地方。

讀了這本書，你或許不一定能決定當國境再開時，要去哪間店打擾（畢竟每家都吸引人，難以抉擇），但至少會對居酒屋這個特別的存在，抱持著一絲敬意。下次造訪時，不再堅持要在一家店裡吃到飽，不再只點一杯酒坐到底，而是試著與店家閒聊幾句（如果會日文的話啦），或與鄰座大叔眼神交會，放下旅人的心情，安心享受居酒屋的氛圍。我想，這是本書一定能帶給讀者的收穫。

下回造訪日本時，不如就選定一家，大膽地掀開門口的暖簾吧。

作者序

「LOVEはじめました～」（LOVE要開始了喔）

〇五年，飄著細雪的聖誕節前夕，櫻井和壽的一句妖豔歌詩，打破了福岡Yahoo！巨蛋裡四萬五千多人的屏息，尖叫聲浪從四面八方席捲而來。面對這第一次出國就遇上的魔幻瞬間，我淚水潰堤，甚至連隱形眼鏡都被沖走。很難想像三十個小時前，我還坐在醫學院的三〇一大教室裡上課，也當然更沒有想像到，一段悠長，且規模壯大的日本旅程，正悄悄地開始。

畢業後等待入伍時，坐在長春戲院的B3影廳裡，因為一部電影的片尾曲歌詞「若是讓慵懶的幸福持續鬆弛下去，那麼惡的種子，終會（像馬鈴薯一樣）發芽」，毅然決然地駛離原先規劃好的人生道路，開進「右線往日本」的交流道。這一去，就是七個多年頭，路況雖然不算全程平順，但透過車窗看見的種種風景，還算是讓人甘願背負家庭戰爭的苦痛、各式大小犧牲，以及夜深人靜時思鄉的情緒。

福岡是啟蒙、於大阪求學，而在到了東京就業之後，開始利用閒暇寫字，一邊努力保持旅人的新鮮視點，一邊也鼓起勇氣，拉開暖簾，踏入以往散發神聖氣息的酒場，幾年下來，探訪了上百間老舖居酒屋，以及未來完全有潛力成為老舖的中生代店家。並沒有發揚飲酒文化的遠大目標，只是以寫作的角度來說，很難找到比居酒屋，更適合拿來當描寫日本生活、文化的切入點，兩三杯酒精下肚，你會看見電車中未曾見過的笑容，你會聽見旅遊指南上沒有寫的心路歷程，你甚至也會擦去，臉頰上不同溫度的淚水。

此時此刻，坐在陪伴爸媽跟團遊覽，前往恆春的車上，在鄉親熱烈的卡拉ＯＫ歌聲中，邊用手機記錄下對過去幾年的回顧。去年同一時期，站在北海道稚內的宗谷岬，緊壓帽緣，看著冷冽的鄂霍次克海，覺得這真的就是天涯海角了呢，結果現在在COVID-19疫情的影響下，整個日本列島，都變得跟天涯海角一樣遙遠。

在您翻閱此書時，有些店家已經不堪疫情衝擊，選擇拉下鐵門，但我仍選擇保留，因為這不是一本需要每年都更新資訊的旅遊指南，因為這是對二〇二〇現況的一個真實描寫，這些久年老店，即使挺過了關東大地震、二戰、火災、泡沫崩壞、後繼無人等等嚴峻挑戰，卻在看不見形體的敵人面前，敗下陣來，黯然熄燈。無法募資幫他們，希望至少能讓更多人知道，他們曾經帶來的美好。

總批評人家頒獎典禮致謝詞又臭又長，等到自己要寫，才發現要感謝的人有夠多。挑重點講。

「啊你兒子什麼時候要回來開診所？」一邊學習接受我的任性、一邊微笑應付鄉親的疑問，感謝爸媽，真的辛苦了。

小時候，爺爺半強迫我們陪他看ＮＨＫ的大相撲，倒也成為我對日本感興趣的起源；而他過世後留下來的 Canon 底片相機，則是我開始鑽研攝影的動力，沒有他，就沒有現在的我。

後來在東京巨蛋的餐廳工作，累到覺得快要撐不下去時，一對從台灣來玩、素昧平生的年輕夫婦，在我的圍裙口袋裡，塞了鈔票，要我繼續加油。對我而言，是太過重要的一期一會，希望你們會看到這本書。

最後，沒有S.這一路上無悔的支持、陪伴，就不會有這本書。這本書（與版稅），獻給妳。

CONTENTS

用手機掃描QRcode，
可存取書中店家的google map。

Tokyo 東京

背著行囊來到日本生活，邁入了第八個年頭，生活中充滿著許多不為人知的葛藤、苦難，但〈終わりなき旅〉裡的歌詞：「緊閉門扉的另一頭，好像有著什麼新東西在等待，『一定有的吧』我們總是這樣相信而往前」，一直是我的信念及初衷。相信這間店的門後，一定藏著什麼有趣的故事，今晚，繼續打開下一扇門。

教會我酒場文化的居酒屋

岸田屋

岸田屋

明治33年
一九〇〇

日本人特別迷戀「三大」——觀光要有三景、三湖、三川、三大車窗，飯店有御三家，吃的話就更是琳瑯滿目，三大拉麵、三大烏龍、三大土雞等等。但我最喜歡的是綜藝節目《松子&有吉的憤怒新黨》（マツコ&有吉の怒り新党）後半段的「新三大〇〇調查會」單元，製作單位總是搜集三件荒謬又好笑的事物，「這樣也能湊三大？」偷偷地嘲諷了日本廣告業界對於「三大」的濫用。

不過，日本知名居酒屋評論家太田和彥在其著書裡提到的「東京三大燉牛雜」，可沒有任何灌水或浮誇，其歷史地位與實力，深受飲兵衛們認可，他們分別是北千住的「大橋」（大はし）、森下的「山利喜」，以及月島的「岸田屋」。考量距離，在新年假期結束，下著冷雨的冬日，搭車來到了月島，這個以文字燒聞名的下町街道。

手上拿著熱咖啡與文庫本，做好要排隊的心理準備。果然，開店一小時前，已經有三組客人在木門前坐著等候，並喝起從超商買的罐裝沙瓦（喂）。老闆娘不時出來探頭，原來是點人數，去張羅相應數量的椅子、坐墊跟毛毯。已經駝背的她明明有許多事得忙，還是擔心久候的客人會著涼，真貼心。而且說也奇妙，毛毯一蓋上去，就絲毫不覺得等待是痛苦的事了，可以全力用期待的心情，迎接藍暖簾掛上的瞬間。

創業於一九〇〇年的岸田屋，最早是賣紅豆湯的，直到一九六六年才轉型成居酒屋。店內共有二十六個座位，所以排隊前可以先算一下，若是超過了，不妨先去附近吃一份文字燒墊胃。坐進ㄇ字吧檯的最深處，跟排第一、第二的阿伯對看，小小點頭示意是酒國禮節，也是之後隨時可以插入對話的信號。店內異常地昏暗，明明才五點卻好像已經夜半，酒興也因此立刻到位，雖然酒類選擇不多，但反正主角，就是酒友跟燉牛雜啊。

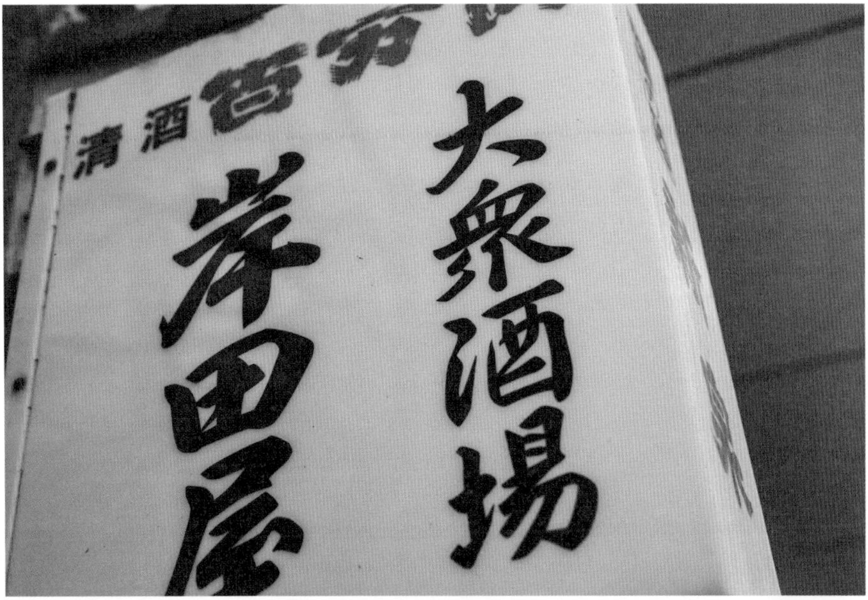
清酒
岸田屋
大衆酒場

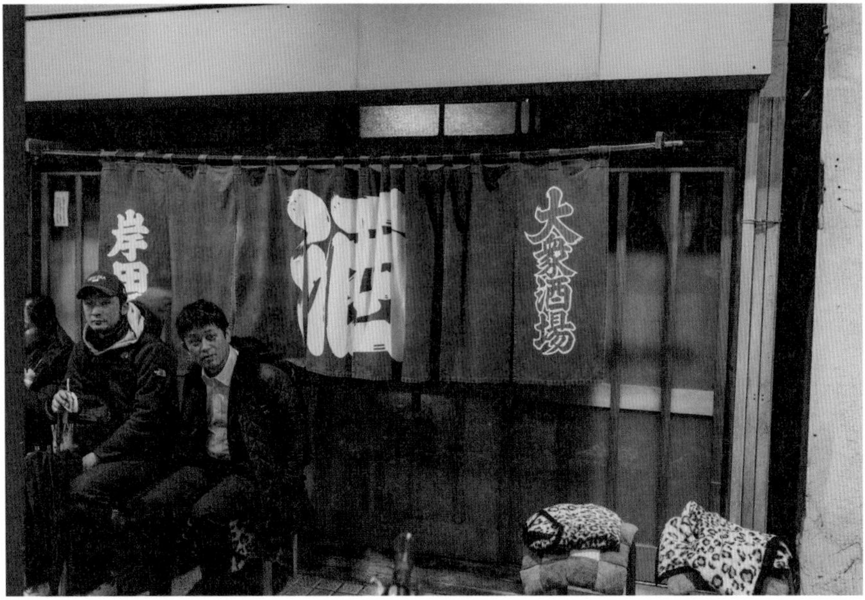
岸田
酒
大衆酒場

從暗黑料理蛻變的美味

介紹日本酒場的書常說，要享受居酒屋文化，一個重要的原則就是「雙贏」，如果你到居酒屋是為了吃飽、吃超級美味、久坐、自顧自聊天的，多半無法得到美好的用餐經驗。某種程度必須妥協，即使知道酒水利潤高，還是要點酒；知道小菜味道普通，還是點個一兩道，換得的就是店家上菜快、給你一些招待、願意跟你攀談。不過來岸田屋呢，不用妥協，因為接客殷勤，不分新人或常客，而且燉牛雜確確實實厲害，邊冒著煙上桌，光看色澤及其份量感，就知道跟坊間那種可有可無的小菜不同，連維基百科的「燉牛雜」（もつ煮），用的都是岸田屋的照片呢。

在日本超市非常難買到牛雜或豬雜，就算有，也是沒有靈魂的冷凍業務用大包裝，為什麼呢？或許那會讓他們想到百年來「最黑暗的東京」。貧困人在下町黑市或屠宰場（芝浦）附近的巷弄裡，默默做起這種將精肉後剩餘不要的部位，胃腸、橫膈、大動脈等等，不分牛馬豬肉一起丟入大鍋內燉煮的料理，再用厚

Tissue Paper

重的醬汁調味，來遮蓋鮮度不足的腥臭。這樣背景誕生的燉牛雜，很長一段時間都與貧民脫不了關係。直到近代，提供勞動人口珍貴蛋白質營養的事實，才被慢慢重新認識，甚至用「trippa」（トリッパ）的洋風稱謂，登上高級餐酒吧的餐桌。

岸田屋的牛雜香氣格外濃郁，有肉香、有醬香，配上水嫩清綠的蔥花更是絕配，碗裡每一種部位都燉到柔嫩吸飽湯汁，卻仍保有一絲個性，一口醬汁，一口酒，一口閒話家常，即使無緣吃過王宣一前輩的燉牛肉，但能在新年的第一次外食，就吃到如此下飯的燉牛雜，幸福程度並不輸太多呢。結帳臨走前，雖然想拍老闆娘時被她「我臉跟梅干一樣皺，別拍。」婉拒了，依舊領到一份小禮物，原來是答謝客人們的照顧，「新的一年也請繼續支持喔」。

能夠走過一世紀，靠的不只是妥協，還有跟旨味一樣濃的人情，當國境再度開放，下了飛機，拉著行李箱，岸田屋將是我的第一個目的地。

Ban

ばん

昭和33年
一九五八

同樣吃內臟，如果偏愛吃烤的，就來中目黑的「Ban」（ばん）吧。Ban的三家店面，劃出的三角形，正好就是我在東京活動的主要區域，涵蓋了新舊住處，還有公司，不過我不是因為離家近才推薦的，而是一度歇業的Ban，有它極為重要的歷史定位。

一九五八年，烤串店Ban誕生於中目黑的街角，雖說是澀谷下一站，但完全不是今日此般時髦的樣貌，二手書店、染織行、水車工房羅列在目黑川畔，庶民色彩依然濃厚。因此創業者小杉正先生，想的也是要如何讓人能用低廉的價格，得到身心的舒緩，他的答案是，把當時流行的碳酸水兑在燒酒中，加入現擠的檸檬汁。適度的酸味，伴隨奔放的氣泡，在「已經不是戰後了」（もはや戰後ではない）這句流行語的時代，馬上受到熱烈的喜愛。白天流汗拚經濟，晚上

來Ban喝涼爽一下，從「爽」的日文さわやか中取出さわ（sawa）的音，居酒屋文化中最重要的飲品之一：檸檬沙瓦（レモンサワー）就此誕生。

雖然推薦我這間店的人，是店面裝潢時認識的工頭，說以前熬夜施工完，早餐就是去Ban喝一杯，不過現在的「Ban」已不復見中年大叔，盡是大學生。由於不開放預約，因此店門口不分晴雨，總站滿一群群人等候，沒有號碼牌，沒有登記名簿，但外場領班倒也厲害，跟目黑豬排名店「Tonki」（とんき）一樣，他就是會記得哪一組人先到，哪怕外面路燈超暗。

入座後不用多說，自動先來一組檸檬沙瓦。身為創始店血脈，用檸檬汁多丟臉，當然是整顆檸檬、甲類燒酒跟一瓶碳酸水端上來，不管燒酒跟碳酸水比例為何，檸檬整顆放心地擠下去吧，定價便宜，每桌都是一顆接一顆，一瓶接一瓶，半小時工夫，桌上便疊出一座檸檬巴別塔。記得用手上烤串的竹籤來固定，更適合拍照打卡。

SAPPORO

不過不是因為大家來這裡喜歡拚酒，才會大量消耗檸檬，重點還是在於美味的烤串啊，節奏明快，不漏單不延誤，心裡想到什麼串，舌、大腸頭、小腸，十來分鐘後就會出現在面前，又燙又香，況且一串才一百日圓，完全海放制式化的站前連鎖店。如果說岸田屋適合親暱的喃喃細語，那 Ban 就是想哭想笑想要一個擁抱都可以的場所了。

翻看當時寫下的筆記，潦草地寫著「被別人的屁股撞也沒關係」，肯定是被氣氛灌醉了吧，不過無所謂，即使只看照片，狹窄店內與朋友共同留下的歡樂回憶，依然馬上鮮明地甦醒。啊，好懷念這樣擠在一起喝酒的時光。

もつ 焼き
ばん
中目黒 本店
こま

武道館・神保町

醉之助

醉の助

昭和54年
一九七九

到武道館聽表演，我喜歡搭半藏門線到九段下駅，出了車站，需要爬一段與繡綠邊水手服的高中生們擦身而過的坂道，如同設計成微妙傾斜的能舞台一樣，生理的負荷，自然而然地成了激揚心情的催化劑。故作鎮定，低頭穿過城門，以及黃牛阿伯們，就能抬頭看見那樂迷們愛稱「大洋蔥」的金黃屋頂寶珠。

一九六四年，作為上一屆東京奧運柔道場館而興建的武道館，不僅只是柔道，這裡也一直是劍道、空手道，甚至書道的全國比賽場地，貫徹其弘揚日本傳統武道以及鍛鍊身心之建館宗旨，所以當風靡全球的樂團披頭四（the Beatles），預計在武道館辦演唱會時，社論群起攻擊「這根本是在褻瀆！」、「怎麼能讓武道館成為青少年淪喪的地方」，不斷施壓主辦單位換場地，最後必須動用逾千名警力保護，演唱會才得以順利進行。而這傳奇的一夜，為武道館形塑出新一層的意義：搖滾殿堂。並且，被七、八〇年代的搖滾巨星，Queen、Deep purple 以及 BOØWY 好好承接下來，冰室京介[1]的一句「歡迎來到武道館大 live house」，更是讓這裡成為傳遞與接收音樂熱量的最好去處。

然而，「〇〇竟然能登上武道館，根本是在褻瀆這個音樂聖地嘛」，近年來網路上常見的揶揄，似乎也說明了如今武道館的地位不若從前，新的場館不斷蓋，世貿展場、體育場、巨蛋，相較之下，只能容納一萬人上下的武道館，對於當紅的歌星來說，確實面子裡子都弱了不少，再加上一個先天的硬傷：以法隆寺夢殿為藍本的八角形建築設計，所帶來悲劇性的聲響效果，使得武道館的光輝，跟著它的大屋頂一樣，慢慢褪色。

不過，我依然喜歡在武道館看表演，不只是因為看台極陡，有種與舞台極近的錯覺，也不只是因為長年高掛的巨幅日本國旗，營造的奇妙氣氛，在我心底印象特別深刻的環節，或許是那退場的過程。路窄，且暗，所以不同於其他會場，武道館的退場一向是安靜的（如果把交通指揮的聲波濾去），深怕跌倒而不敢

注 1
日本傳奇搖滾樂團 BOØWY 的主唱。

拿出手機滑推特（Twitter），群眾低頭看著腳下碎石稜角微光，踽踽緩行，十分鐘前接收會場裡的光與熱，以及所謂的餘韻，依舊在胸口好好地捧著，繼續溫潤那流轉於全身的血液，一直到走出城門，看見肉包攤的蒸氣，才總算是能喊出，剛剛太感動了啦。

全神貫注下聽完表演後，超餓，可惜九段下，養分都給了音樂與武道，食物選擇並不多。花五百日圓跟攤子買大肉包充飢？也行，嚐鮮一次就好。餃子名店「Okei」（おけい）呢？很早關，除非你不等節目結束就離席。不妨藉此機會探訪鄰近街道吧，譬如穿過靖國神社，往西北邁去，十多分鐘就能走到充滿風情的神樂坂，只是身上的應援穿著，跟高雅的格調是衝突了些。所以，我更常選擇沿著靖國通，向東走，一路走到神保町。來到這裡，就沒有任何讓肚子繼續挨餓的理由。食量大的，到知名的「Bondi」（ボンディ）吃牛肉咖哩並配它兩顆馬鈴薯；若不耐久候，一九七九年創業的大眾酒場「醉之助」（酔の助），則是一個相對快速能入座的選擇。

大衆酒蔵
酔の助
酔の助
かきフライ
ハムかつ

在不太好拉開的門後，是時空轉移的產物，泛黃的菜單紙張、雜亂的收銀台，以及把筆夾在耳朵上頭的老爹，這個活像是日劇場景的店內，事實上，還真的多次出現在戲劇裡，包括知名的《啟航吧！編舟計畫》或是《逃避雖可恥但有用》，一年平均接下三十個大小劇的外景拍攝，這筆穩定的業外收入，除了回饋到便宜的餐點價格上，也能作為營運資金，讓寫著北京烤鴨風的炸雞、岩鹽的披薩或是生鮪魚腦，這樣奇妙的紙張繼續貼在牆上，成為神保町歷史的一部分。特別推薦的是跟手掌一樣大的串炸，其他的就……不要點太多，畢竟老爹的寒暄攻勢，才是醉之助最大的賣點。

醉之助翻桌快，至於「Den」（もつ焼きでん）跟「兵六」位子不多，可能需要一點運氣，前者離東京巨蛋近，深受音樂業界喜愛，除了藝人海報、MTV台大音量播放，甚至還掛了把簽名琴在牆上。而重要的食物，一點都不馬虎，各式內臟，現切現烤，而由專員負責的生炒豬肝以及燉牛雜，更堪稱這一帶店家的最高水準，也難怪就算新橋的燒烤名店「Aburi」（あぶり）、「烤豬串Mako-chan」（やきとんまこちゃん）相繼在它旁邊開了分店，似乎毫不受威脅，

依舊能對客人擺出蠻跩的態度（有時候啦）。

週末中午就開，想吃稀少部位，手腳要快。而萬一朋友不吃內臟，醋豆腐配上三百九十日圓良心價的でん特調（把燒酒凍成碎冰，再倒入冰鎮過的蘇打），搭配剛剛演唱會的話題，絕對能喝得痛快。

かきフライ
ピザ

兵六

兵六

昭和23年
一九四八

至於「兵六」，則要推薦給把演唱會的餘韻，一個人靜靜地從武道館一路帶到這裡來的你。創業七十年的老店，沒營業時，招牌燈籠什麼都沒有，外觀與倉庫無異，請認明以鐵路書籍聞名的書店「書泉Grande」（グランデ），兵六就在它後頭。兵六以鹿兒島鄉土料理與燒酒為主，菜單數不多，也大概都豪氣萬千地寫在身後木板上了，顧名思義，都是「招牌菜」。現任店主接手經營後，除了價格，沒做太多更動，甚至連打掃，都是開省電模式，「因為掃得太乾淨，老客人會說味道變了啊」。

獨自一人的男性客，陸續入店，開店沒多久，就在笑瞇瞇的店主旁圍出緊密一圈，幾乎都是叫得出名字的常客，但即使是第一次來，也完全不會讓你感覺被冷落。先點份鹿兒島小魚乾（きびなご），以及放在面前，賣相絕佳的薩摩炸

清酒
むぎ焼酎
峠の露
ビール
厚揚

餃子
炒麺
つけあげ
ビール
さつま無双
鹿児島焼酎代表
峠の露
600
600
950
700
700
白菜漬
600
わけぎと
しめさば

魚板，當然，還要一盅薩摩無雙燒酒。隨盅附上一個小熱水壺，不管是直接倒入盅裡，或者入杯，濃度隨你喜愛，自由調配。酒菜到位後，有人拿起文庫本讀，有人低頭沉思，這是各自期待一整天的珍貴獨酌時光。對話與快門聲，就保留在最低限度。

酒肴好，但能夠填飽肚子的主食，才是兵六的真正強項。餃子包得好，煎得更是好，至於炒麵與炒豆腐，各有擁護者，注文聲此起彼落，不過，看遍店內十多名不同社經背景的人們所點的餐，要取最大公因數，當屬兵六炸豆腐包（兵六あげ）了。在薄豆腐裡頭夾大蔥、納豆下去炸的獨門阿給，又香又濃，還在後場炸時，便已經可以開始為它的上桌倒數。一邊倒數，一邊回想今晚的曲目，以及那些跟著旋律被拉出記憶深河的故事，沒有手機螢幕的藍光，沒有多餘的妄語，也沒有壞酒品（一人限三杯），兵六，的確是造訪武道館後，或甚至是東京，最棒的一個酒場選擇。

澀谷・新宿

富士屋本店

富士屋本店

昭和46年
一九七一

「來、來、來四位這邊請。」

老闆娘一邊招呼我們上座，一邊用手推開兩旁的酒客，讓原本看來只容得下兩個人並肩的吧檯，如今變成二．五人的空間。彷彿是自助旅行省錢、大夥硬塞計程車後座的光景。一兩個小時都跟旁邊的大叔肩靠肩，背貼背，卻沒有人抱怨，因為，大家都是趕來在都更拆除前，一起度過澀谷站著喝聖地「富士屋本店」的最後一段營業時間。

澀谷交叉路口早就成為社群媒體上看到不想再看的打卡聖地，卻沒有太多人知道它的時代意義。作為日本最初能夠斜向穿越馬路的路口之一，它不只象徵了行人路權的解放，更揭示街頭文化興起，並與東急西武百貨購物文化對抗的二元結構，讓澀谷在擁有豐富的地形變化之餘，還具備了多樣的人文質地，並在日後，成為孕育步行者天國、澀谷系、一〇九辣妹等文化的搖籃。

二〇一三年，副都心線與東急東橫線直通工事作為起點，預期要到二〇二七年才得以窺知全貌的澀谷再開發計畫，其牽涉範圍之廣、金額之多、時間之長，都被喻為是百年難得一見等級。經過了幾年的交通陣痛，總算像是麵粉和水一樣，慢慢攪出麵團的樣貌，走出JR八公口，一棟又一棟嶄新的擎天大廈，首先佔據視野。然而，翻開坊間介紹的文章，多半只告訴你，這些大樓進駐了什麼新的櫃位，有什麼必吃甜點之類，那麼，隨著這些垂直的長箱搭建起，原本屬於澀谷的緻密地景，將在世人扁平的認識下，隱埋在大廈的陰影處生黴，或甚至風化。

「讓藝術家、創作者與文化創意產業能夠發展成長的環境」，為了實現都市計畫書裡白紙黑字的目標，澀谷區，不只是擁抱LGBT價值的先驅，整個開發計畫的中核，由隈研吾與SANAA設計，位在東口的Scramble square，從命名就明確地向原生的土地脈絡致敬。是的，既然是再開發，在狹窄的澀谷，勢必得要蓋大樓，但，我可以拉出很多如鬼腳圖般斜向連結的通道，讓用路人，就像幾十年前在西口獲得了自由一樣，移動的向量，不再僅限於垂直水平，每個人眼中所拍出的縮時攝影無比豐富，多樣化的城市視野，就算有陰影，至少是個有濃淡的影子。

只可惜，富士屋已經無法成為這地景的一份子。前後排了兩個多小時，後頭的酒客抑制不了酒興，先跑去超商買了一手 Yebisu 罐裝啤酒，我們則忍住，畢竟難得來了，當然要讓肝臟的分解酵素，都等到店裡才啟動。不過，在富士屋本店，讓人醉倒的，從來都不是酒精，因為這裡的檸檬沙瓦，是傳統的檸檬片、冰杯、寶燒酎跟蘇打水一組，自己調整濃度。讓你醉的，是氣氛，是ヨシ江阿桑的笑容與聲量，是與好友共處的親近時光，是處在地下的二氧化碳濃度，也是把握當下的人生觀。

第一次與同事來，是在年末的「仕事納め」（每年最後一個工作日，下班後多

大衆立呑酒場
富士屋本店
清酒 カンバイ
大衆立呑酒

會外食慶祝），從煩雜事務的解放，加上初窺酒場魅力的興奮，後來我醉倒在目黑川旁的花圃裡……睡在冬夜的路頭，其威力可見一斑。富士屋採「貨到付款」的方式，點完餐，把錢放桌上，酒食端上來就會把錢拿走，除了能避免混亂的場面有人尿遁，或者像我醉到拿不出錢包的情況，對於零用錢是總額制度的上班族老爹們來說，也比較容易計算今天的花費。喝得再開心，桌上沒錢就該搖搖晃晃地回家啦。

其實原本應該是十月三十一日結束營業的，結果提早一天關門，為什麼呢？十月三十一，澀谷，你會想到什麼活動？雖然沒有明示，不過大概與萬聖節脫不了關係。過去幾年，零星有些關於萬聖狂歡後滿地垃圾的討論，然而，逐漸升溫為破壞、癡漢，以及竊盜等失控行為後，讓許多各界名人不得不跳出來砲轟，其中都築響一先生的發言，覺得特別有同感，引述如下：「現在的年輕人們對於澀谷，還有多少是抱持著『這是我們的街啊』的感情呢？隨著開發而變成充斥一個個金屬箱子的澀谷，大家來到這裡，釋放能量之後，隔天又隨著電車離開，留下的只有受傷的街。」除了是對於現況的痛陳，也同時能當作，對於未來參與此處生活的我們，的一句明確警鐘。

富士屋，是我第一個造訪的「老舖大眾酒場」，許多在書裡提到的酒場規則與默契，都在此學習到，知道它要熄燈，自然是無比惋惜。不過也因為有它給我上的「把握當下」一課，才讓我決定，要在迅速變化的這個時代，為這些曾在人們心中佔有不可取代地位的角落們，留下圖文的完整紀錄，這也是此書的最初構想。

最後一天，買了一件工作人員的制服，雖然尺寸不合，至少能當作過往歡樂回憶的證據。業主經營有成，都內有多處分灶，一定有一天，能夠繼續在澀谷的別處，一樣嘈雜的地下室，重溫ヨシ江阿桑的笑容，以及那響亮的「來，給你大碗的沙拉」吧！

長野屋

長野屋

大正4年
一九一五

東京近年的開發腳步，當然不會只停留在澀谷，原宿古典的車站準備拆除，池袋正進行著東西口兩側的整合，而新宿，也開始暖身要迎接之後的大幅都市更新。因應而生的鐵路工程，讓原本就已擁擠的新宿車站，化身為充滿障礙、沒必要就不想去的地下魔宮。一天進出的人口為三百五十三萬人，比台北市的人口，還多出將近一百萬，帶來的興盛商業行為，隨著車站的擴建，一步一步向外侵吞，但是，卻有一些角落，仍然有骨氣地，努力保持其原本樣態。

回到一九一五年的新宿，如同歌人正岡子規的詩句所說：「駄馬排排站，入夜前的驟雨新宿」，人馬車來往在充滿泥濘、還沒鋪好的道路上，馬糞與油煙，摻雜著濕潤的空氣。「呷——」馬伕將熱水倒至裝有成捆稻草的木桶裡，使其軟化方便食用，算是好好伺候了這些等下要拖拉貨物的馬兒夥伴們後，鑽進後

食堂
長野屋
定食メニュー Table d'hote menu

頭的食堂買餐，伺候好自己的胃袋。這間食堂，就是現在依舊挺立於新宿東南口的「長野屋」，至今已經有一百多年的歷史。

二次世界大戰之後，美軍接管日本，控制白米以及肉類的流通，不過，戰前就來日本唸書的台灣留學生們，則不受限制。被當作「解放國民」對待的他們，擁有進出ＰＸ（美軍購買部）購買物資的權利，這也讓他們，在戰後亟欲復興的新宿市街，佔有比日本人更有利的經營優勢。《台灣人的歌舞伎町：新宿，另一個戰後世界》（台湾人の歌舞伎町：新宿、もうひとつの戦後史）一書便提到，日本人得藉由回收高島屋與伊勢丹等百貨的廢棄食材，才能夠做個燉煮的小攤，而台灣人呢？則是意氣風發地在吧檯捏著壽司。藉由開飲食店累積下的經濟資本，除了潤澤了名曲喫茶的音響設備，更在日後，為台灣人在歌舞伎町的勢力版圖，打下穩固的基礎。

幾十年過去，被韓國人取代，歌舞伎町不再是台僑的地盤，然而，台灣人的影響力卻沒離開過新宿，特別是新宿南口 NeWoMan 與巴士轉運站共構建物腳邊

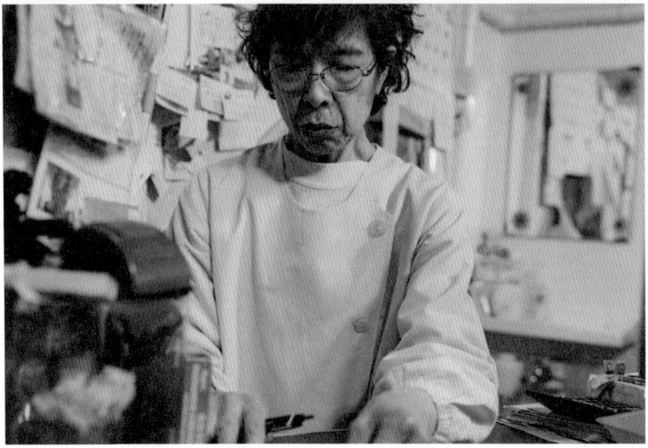

的商圈，這裡一直是珍珠奶茶店的試金石，前仆後繼，一家接著一家地開，彷彿置身東區巷弄。不過，即使身在流行文化的包圍網中，長野屋不曾改變，百年來讓他們改變的，只有戰爭。

空襲中燒毀、重建，結果遇到白米管制，只好暫時轉型成「外食券食堂」。回應前面所說，戰爭前後，白米採配給制，然而，對於單身在外工作的男子們來說，拿到白米無法煮，也是頭痛，於是，憑著這張外食券，他可以到長野屋來，兌換一頓在當時非常珍貴的定食。這樣的食券制度，也就是如今各大蓋飯連鎖店餐券機的原型。

「老闆娘，我想看看食券，現在怎麼沒有了？」

「客人嫌麻煩呀，好幾年前就廢掉。」

從店外擺放到已經完全變色的食物模型，可以得知，這裡菜單的組成，多年來沒有改變，然而一個關於時代的重要見證，卻已經被人嫌棄，成為過去。

搬來東京的第一晚，在家附近的連鎖定食店吃飯，點了燒肉定食，豬肉一入口，曾經就動了想搬回關西的念頭。不管是處理不佳的豬臭味，或者是經解凍後的質地，都跟能輕鬆吃到優質兵庫豬的大阪，天差地遠（後來發現不是個案，許多東京的朋友，也不太敢吃豬肉）。夾起裝在不鏽鋼盤裡的豬肉，質地確實讓我回想起了那一晚，幸好甘甜的醬汁，改寫故事的後半段。沒有了餐券，想點菜就直接對外場的阿姨喊，阿姨再對二樓的廚房喊，做好之後，透過不知道為何放了一台烤箱在裡頭的小貨梯，傳遞下樓。這裡的肉豆腐，頗為入味的原塊豆腐才是主角，而肉片像左手一樣，只是輔助。仔細將豆腐用筷子切成小丁，放入嘴中，再配一口蘸上醬汁的白飯，這就是跨越大正、昭和、平成，以及令和四個世代，長野屋想守護的味覺記憶。

飯後與阿姨聊天，聊到未來新宿再開發，怎麼辦？

「有很多商業設施來打聽過，但我們不想要跟其他外來的、沒有鬥志的店，共處一堂。」

在八〇年代就預見新宿的未來，所以，花了不願透露的大數目，將這塊地用貸款買了下來，改建為鋼筋水泥建築，成為今日一樓餐廳、二樓廚房的模樣。

餐點便宜，酒水也不貴，計算一下利潤，阿姨妳得保持健康，才能夠做到九十歲啊！

Kamiya

カミヤ

昭和55年
一九八〇

繼續往北，走入歌舞伎町，我沒有日本攝影重要獎項「土門拳賞」得獎者梁丞佑那樣的勇氣，敢拿著一台相機直接對人狂拍（事實上，他多次被拖到巷裡痛扁），也就無法拍出像他《新宿迷子》那樣，忠實記錄新宿反社會勢力的傑作。明明路邊擴音器無限循環地用四種語言在宣導「在新宿地區進行拉客是違法的行為」，這些語音卻彷彿是養分滋潤了海葵的觸手生長，招客的動作益加猖狂，顧著東閃西躲，就迷路了。

回過神來，巷內看見了個「烤內臟」的紅燈籠，以及被長期油煙燻黑邊緣的「カミヤ」燈箱，取材的經驗告訴我：就請往前走吧。鑽過暖簾，初極狹，繼續往前，仍舊狹，勉強擠進位子之後，「Chu-hai（チューハイ）[2]一杯」，笑容爽朗而臉龐堅毅的小哥，信手抄起業務用的燒酒寶特瓶，像是擠番茄醬一樣地率

注 2
菜單上的沙瓦跟 Chu-hai 沒有太大差異，都是蒸餾酒類加蘇打水，語感上，沙瓦偏向加入檸檬或柑橘類呈酸性（Sour，音近沙瓦）的飲品，而 Chu-hai 多指燒酒加蘇打水，或是業務用的預調罐裝商品。

性噗嘰擠入杯中。還來不及測試酒精濃度，馬上就被問「要吃什麼烤串？還不知道嗎？那總之先配五串給你吧！」高節奏的問答，說實話，連經驗老到的我，也有些慌張，不知道到底點了什麼（笑）。

有別於周遭的微妙氣氛，「Kamiya」（カミヤ）是間普通的正派經營串燒店，長得有點像森山大道的老爹，是老闆，不時來去穿梭，跟客人插科打諢；另外有位平頭老爹，負責顧門邊小小的烤房，不斷添加的新鮮紀州備長炭，讓烤煙勢頭旺盛，衝出排氣管道外，也燻得牆上的菜單木札，都早已看不見標價。

四十年前獨立於人形町同名商家，與本店相同的是，點烤串，以五串為基本單位，不過別擔心錢包，一串僅僅七十日圓，甚至比近年超商賣起的燒鳥，還要便宜，吃五串加一杯飲品，共六百五十日圓，帶零錢包來就可以。拜剛猛火力之賜，不需久候，小哥推薦的烤豬肝佐青蔥就端上來了。

「哇！」地不得不驚呼了一下，外皮略酥而內裡無臭滑嫩，非常優秀，拌上蒜

もつやき
カミヤ
もつ焼き
本 70円

薑麻油更是絕妙，直接再點了第二盤。在豬肝ＭＶＰ級的演出之下，烤串類注定會略顯平淡，不過，裹上濃郁甘甜醬汁的洋蔥肉串（ハサミ），以及鹽味烤雞翅，作為填飽肚子的夥伴，還是很值得加點。

坐在隔壁的常客大叔，看樣子已經是不能再喝下任何一滴酒精地醉了，卻可能怕我一個外國人無聊，努力地振作想找我攀談，幫我詢問店家可以拍照嗎？交雜店員們的軼事，並不斷地稱讚我的照片。其實心中很感慨，在此次造訪新宿前不久，於新宿車站才發生了令人惋惜的自殺事件，根據新聞報導，當時有不少路人冷血地拿出手機拍照，對照眼前如此令人暖心的空間、人、事、物，實在很難相信這不是發生在平行世界。

置身於人來人往的新宿，有時真像是駕著小舟想強渡黑水溝，如果不能發現，並緊握住這些值得相信、值得寄託的場所，是不是，有一天也會被吞噬了呢？

つやき

吉祥寺

PROMISE
プロミス
MUFG
三菱UFJ信託銀行
MUFG
三菱UFJ信託銀行
MUFG
三菱UFJ信託銀行

小笹羊羹

小ざさ

昭和26年
一九五一

每年住房租賃網站SUUMO，都會發表「你最想居住的街區」（住みたい街ランキング）排行榜，除了反映現今二十至四十九歲日本人，最想在哪裡買房、租房的趨勢外，也提供房東一個拉抬房價的依據。拿出十年前的榜單來跟今年對照，四至十名的變動是一個特別好的寫作題材，因為從中能爬梳出太多街區興衰的脈絡，並與平常散步時體感到的熱量變化做對照。但前三名的話呢，老實說，就是既不有趣也不意外的橫濱、惠比壽與吉祥寺。

出了吉祥寺站，第一個我會想先去「小笹羊羹」（小ざさ）試試運氣，一坪大的店家，僅有兩種商品（最中餅與羊羹），卻創造了三億的年營業額，這家創業超過一甲子的老牌和菓子店，靠的是店主稻垣篤子女士即便已經高齡，卻還是駐守在製作現場確認紅豆餡品質的堅持。

她在自傳《一坪的奇蹟》（1坪の奇跡）中寫道，在炭火爐上，用大杓翻攪銅盆裡的紅豆泥時，屏氣凝神追求的，就是打薄的豆泥表面，突然閃耀紫色光輝的那一個瞬間。有了這個信號，原本甘甜的餡料，將會帶上絲微高雅的焦香，也才真正成就小笹羊羹的特別。跟銀座炭香奔放的「空也」相比，兩家都很好吃，但味道更顯婉約。要買羊羹需要早上五點就來排隊，傍晚若是能買到最中餅，就已經覺得跑吉祥寺這一趟值得了。

買完甜食，鑽進口琴橫丁商店街（ハモニカ横丁），眼前各種國籍的酒客，在各種國籍料理的居酒屋高聲談笑的景象，很難想像在二〇〇〇年前後，這裡曾是鐵門深鎖，入夜後根本不敢放心闊步的蕭條區域。現在歡樂街中有十二間店家，都出自同一位經營者——手塚一郎先生之手。以錄影設備行起家，卻陸續投入資本，將老舊店面，改造成為具全新生命的居酒店舖，他在吉祥寺站前打入新鮮空氣的熱忱，吸引到了享譽國際的建築家隈研吾先生。使用大量回收資材與壓克力裝潢的「Te-chan」（てっちゃん），應該會是隈先生創作生涯中，唯一的一家燒鳥店，據說其設計費，也是不可能再出現的超低友情價。

美舟

みふね

相較藝術性極高的「Te-chan」，口琴橫丁還有許多質樸的原生種共存，像是老店「美舟」（みふね）。一樓極狹如同橫丁該有的規格，密密麻麻的菜單短冊紙，讓視覺上感覺再小了兩坪；二樓則是寬敞約五倍的桌席，而且這裡也是曾在電影《火花》當中出現的場景。這算是東京的魅力之一吧，如同夜晚在河邊掬水，隨便一撈掌中都是滿滿星斗，飯田橋的月台、世田谷公園的跑道、四谷的階梯，太多太多都能與文藝或大眾作品產生連結，就不再特別著墨這些情節。

把買好的小笹羊羹紙袋，掛在已有年代的木柱上，倒也不會不協調。酒水便宜，搭配的是質量中等「這我也會做」的家常料理，對酒食的期待，在吉祥寺是不管用的，因為街道的氣氛，往往足以讓你陶醉得失去判斷力。享用過招牌「豬肉炒蒜苗（肉芽）」後，留點胃袋與心靈給爵士鋼琴酒吧 SOMETIME 來收尾。

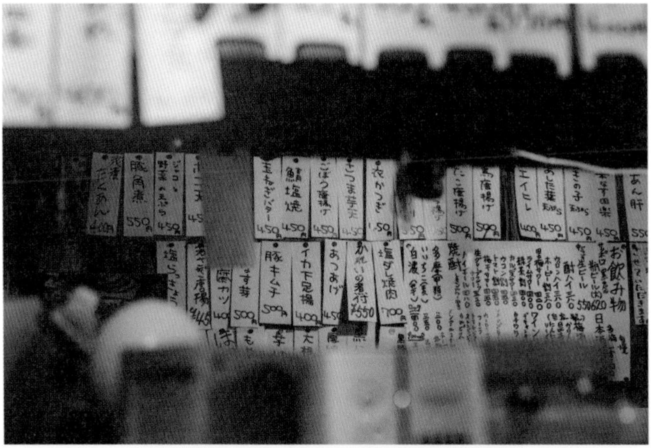
あん肝
きの子 天ぷら
450円
あした葉 天ぷら
450円
エイヒレ
400円
鳥唐揚げ
500円
たこ唐揚げ
500円
衣かつぎ
450円
さつま芋天
ごぼう唐揚げ
450円
鯖塩焼
450円
玉ねぎバター
450円
豚角煮
550円
お飲み物
焼酎
塩ダレ焼肉
700円
あつあげ
イカ下足揚
400円
豚キムチ
500円

SOMETIME

サムタイム

昭和50年
一九七五

一九七五年，誕生於一個動盪的時代，位在地下一樓的祕密空間，是搭乘中央線來的人們，終於得以抒發鬱陶，呼吸新鮮空氣的場所。

SOMETIME 內裝更像是工業時代的英國煤廠，樂手們忘情地在磚牆下演奏，而廚子則在另一道牆邊，用義式麵鍋與麵鏟，鏗鏘地開展我流獨奏對尬，夾層於其中，哪需要透過什麼化學物質助興，腦內的離子通道早就打開，準備迎接大量能帶來幸福之血清素的到來，吉祥寺的夜晚，依舊很長、很長。

COFFEE TIME
11:00a.m.~6:00p.m.
LIQUOR TIME
6:00p.m.~12:00midn.
SOMETIME
おいしい
クラフトビール
はじめました。

大江戸線

秋田屋

秋田屋

昭和4年
一九二九

推特上曾流傳一個關於地球結構的迷因圖，由上而下依序為：地殼、上部地函、過渡帶、下部地函，以及大江戶線。當然不會當真，但初次造訪東京，要去大江戶線的六本木站搭車時，倒是真的覺得自己掉入RPG遊戲的無限地窖迷宮，往下的手扶梯怎麼會走都走不完。為了避開歷史古老的銀座線、日比谷線、生命線（水道與電氣）還有首都高的地下路段，大江戶線只好再往下開掘，讓六本木站的月台，距離地表達四十二公尺，成了全日本距地表深度最深的站。雖然大江戶線的平均深度其實並不是東京之最，但在六本木強烈的體感下降，還是給了居民一個深入地心的刻板印象。

不過到了大門站，繞兩三次手扶梯，大概就開始有種「咦？大江戶線沒那麼深嘛」的感覺產生，因為即使戴著口罩，鼻腔裡的嗅覺受器，還是不斷地被地面

秋田清酒
高清水
秋田屋
創業昭和四年
秋田屋
もつやき
てっぽー
レバー
KIRIN

上食物燒烤的煙霧刺激。循著煙霧的源頭而去，Ａ１出口的指示牌，已經彷彿被薄紗覆蓋，上一次看見這麼濃的烤煙，大概是在甲子園球場還沒整修時的內野入口了。走上地面，心情矛盾，一邊是佇立於魔幻時刻市景前的東京鐵塔，一邊則是大字寫著「高清水秋田屋」的半開放式、附立食吧檯的燒烤居酒屋，煙霾的兇手，肯定就是後者，選擇先來好好地與鐵塔對望片刻，再來找秋田屋算帳。

在書中，盡可能不放入太多新鮮的時事議題，然而，新冠肺炎（COVID-19）這個已經醞釀成了世紀災難的事件，又要如何迴避？探訪秋田屋時，正值三月，東京在政府的「自肅要請」下，上班族盡可能在家辦公，大型集會一律中止，而高中以下的學生則大多停課，不只升學考試受影響，驪歌的歌聲，也不再於櫻花花苞綻放的校園響起。從大門、濱松町一直到新橋的這塊新月地帶，失去了灰黑色的人群，要說找回了街道原有的顏色，也是可以，但是，是帶著寂寞的原色。

連一向大排長龍的秋田屋，到了六七點用餐時段，卻還有好幾個空位，畢竟裡頭人與人的距離，近得幾乎可用「親密」來形容，媽媽桑收盤子、端酒都是直接黏在身上的狹窄空間，自然人們也多有忌憚。創立於一九二九年，當來自秋田橫手的創業者，在此都賣了近三十年的烤豬雜，東京鐵塔才在它門口的街景裡出現。在悠久的歷史中，有兩道料理一直深受喜愛，一個是加蔥、加豆腐的高湯燉牛雜，一個則是每人限點一串的特製烤肉棒（特製たたき）。

一般而言，如果沒有特別標明肉的種類，那在東京代表的是豬肉，而大阪是牛肉，不過秋田屋可能因為是境外勢力，串燒是豬，然而燉內臟卻是牛，怕混淆的朋友點餐前最好還是確認一下。也因為是用牛肉，燉雜的湯清爽不膩，牛脂精華與中辛口的秋田銘酒「高清水」交互喝，一下子就做好暖身運動。

由於健康考量，近來人們點串燒更偏好鹽烤，不過在秋田屋，水果系的烤醬，自然甘甜口感又綢順，或許不那麼搭白飯，但與烤腸、烤肝、烤心是絕配。吃完混合剁細軟骨在裡頭的豬肉棒，嘴巴依舊饞，卻又沒有勇氣挑戰像睪丸、子

宮這些專業豬雜的話，那至少試看看「くさや」，這個也許在綜藝節目懲罰遊戲中曾看過的食物：臭鹹魚。

發酵人類學家小倉拓（小倉ヒラク），將它選為東京的代表發酵食，只在東京外海的伊豆群島生產，初步處理過的青室竹筴魚，浸入對島民來說極為珍貴的臭鹹液（甚至當作嫁妝），發酵至冒泡，再風乾，就可以空運到東京來，成為紀州備長炭爐上烤得滋滋作響的珍饈。據說是世界第五臭，排名有點不上不下，但只要有哪一桌客人點，一家烤肉萬家香，全店馬上知道。

臭豆腐都敢吃了，烤臭鹹魚又算得了什麼？哇！真的好臭！彷彿戴幾層口罩都不管用，可是奇妙的是，送入口中的瞬間，臭覺的電氣訊號，瞬間就被解除，如果手上剛好還有剩下的溫熱高清水，小啜兩口，經發酵過的魚肉，開始在嘴裡回甘，再動筷夾取下一塊，哇好臭！

Lobby

Lobby

昭和49年
一九七四

鑽出秋田屋的暖簾，天色仍亮，遂往朋友公司對面的小酒吧「Lobby」移動。拉開掛著鈴鐺的門，毫不意外，空無一人，包場。對比牆上合照裡，媽媽桑與客人們熱絡地擠在一起的模樣，如今長條的人造皮沙發，以及掛著的六根麥克風，顯得格外寂寞。

已經八十多歲的悅子媽媽桑，精神依然奕奕，年輕時是新橋的藝者，從第一線退下來後，便一直在這裡顧著小酒吧。熟客們除了來唱唱歌，最主要的，就是想吃悅子媽的手路菜。沒有菜單，任憑她做，無論是厚蛋三明治、燉伊比利豬五花、炸可樂餅、燒賣，一樣一樣接著上來，這麼說雖然有點失禮，但原本對食物沒有太多期待的，可是炸可樂餅，鬆軟馬鈴薯內餡裡加入的少許高湯起了絕妙點睛作用，實在美味，好像媽媽的味道！

Lobby

漫畫《舞妓家的料理人》（舞妓さんちのまかないさん）裡曾經提到，舞妓們平日的員工餐是不會吃咖哩的，因為若是身上沾染了咖哩的氣味，來玩樂的男人們聞到就會想家。但在Lobby想家又如何，它就是想要成為你心中家一般的存在啊。

怕我們平常忙碌都亂吃，悅子媽甚至還用保鮮盒裝了一盒燉肉過來，連同開水果行兒子給的盒裝草莓，要我們外帶，這樣的溫情背後，其實也暗示了：她猜想今晚大概不會有其他客人了。

「不知道能不能撐過這個三月。」看似堅強的她，還是忍不住示弱了。

「那個，你們台灣是不是有首歌，是一直唱著『ＯＡＯＡ』？」

後來出現的大叔，即使隔著好一段距離而坐，還是忍不住找我們搭話，他是同行朋友的上司，也是這裡的常客，牆上合照幾乎每張都有他，只差在髮線位置不同。想說這時期不是應該遠距辦公嗎？原來是交貨的時程出現延誤，製作部的部長從山形特別搭車過來，今天兩人一同去了客戶那邊謝罪。科技再怎麼發達，遠端謝罪、VR謝罪都不會被日本社會接受的，真是辛苦他了。

得知所謂的OAOA，是五月天的〈OAOA（現在就是永遠）〉後，幫他投幣點好歌，即使整首歌所有歌詞都不會，可是一到OAOA那段，大叔還是唱得異常開心，異常賣力，那是他所知道，能夠跟台灣人拉近距離的唯一手段。而且幾乎斷絕所有應酬活動的這個月，大叔也真的是悶壞了吧，跟著他一起，戴著口罩放聲「OA～OA～」。

知道大家這陣子的心神勞累，悅子媽最後端上了一碗蛋包味噌湯，蠻意外竟然從沒吃過這個組合，因為它明明是這麼單純的料理，也正因為單純，在心房裡盪漾的餘韻更深長，聊天聊著，悅子媽竟也就勾住了我這初訪客人的手臂，都沒客人的這個月，肯定難熬吧。臨走前，將白天買到的「Centre the bakery」高級吐司分一半給她，坦率地笑得開懷，不管明天之後的時局怎麼變化，衷心希望憑藉著這本書，你們還是隨時都能找到她。

末源

末げん

明治42年
一九〇九

而在新橋SL廣場前的「末源」（末げん），丸武子女士也在這裡見證了東京激動的五十餘年。與周遭嘈雜接近失控的氣氛不同，使用黑檀木圍出的外牆，含蓄地展示了老店的格調，明治四十二年創業，同一年，因跨越汐留川的新橋而得名的新橋站，才剛在臨時搭建的廳舍裡，開始為日本鐵路史刻劃下重要的一頁。

本書中，末源應該是少數幾間有自己維基條目的居酒屋，不過倒不是因為其久遠歷史，而是那位偉大、多才、俊美，並且走得壯烈的文豪三島由紀夫先生，在一九七〇年的十一月廿四日，也就是他在防衛省市谷地區（自衛隊市ヶ谷駐屯地）切腹的前一晚，與楯之會（楯の会）的四位隊員，來末源享用了最後一頓晚餐。

酒々
うまか亭
SNACK
みや
ヒーロー
たち呑み処
たこ助
中
餃子
五林
Asahi

まげん
鳥割烹
まげん

末源中午時段人氣鼎盛，上班族為的是它自成一格的親子丼，親子比例逆轉，大量雞湯芙蓉蛋花，包裹著雞絞肉及水芹，能在有限的午餐時間內唏哩呼嚕地吃，的確方便。不過三島先生既然是晚上來，當然是悠哉地坐在包廂裡，享用「わのコース」（ＷＡ套餐）的雞肉割烹料理。現在如果要一樣在包廂用餐，需課收驚人的三成服務費，檢查一下荷包，還是忍痛坐進了和室空間，只為了忠實體驗當時的氣氛。

初代創業者經商失敗，只好改做餐飲，在日本橋的京風料亭「末廣」修業，並得到獨立的認可後，名號取「末」一字，高湯的取法也同樣師承京風，在燉到白濁前就取出雞骨的清麗湯液，配上自家飼養、當天現殺的鮮雞，大受歡迎，沒多久就開了地下一樓、地上三樓、從業員將近二十人的旗艦店，成為新橋的地標之一。

雖然殘酷的戰爭，看似抹殺一切，讓成就歸零，但腦中技術不會歸零，以草草重建的破爛小屋為新據點，用居酒屋的形式重新起家，提供雞肉割烹料理。鮮甜的湯頭，一點一滴地撫慰了也同樣尋求振作的東京人們，並為末源找回它身為料亭，該有的格局與地位。

在用過前菜之後，服務專員端上了主角雞肉鍋，湯頭如預想般地清澈，真正令人雀躍的，還是花團錦簇的肉盤，使用茨城奧久慈產的鬥雞，一樣當天現殺，雞腿、雞胗、絞肉、雞胸、雞肝、雞心和京都必嚐的合鴨，分三次入鍋，再自行選擇要用山椒蘿蔔泥或是傳統柚醋，在物質豐饒，濃郁雞白湯滿街都是的現代，再嚐雞湯，多少會嫌衝擊力不足，不過還是夠暖心。

用完餐一行人在門口穿鞋，身著高雅山吹黃和服的第三代女主人武子女士，從其他包廂趕過來與我們寒暄幾句。朋友這天穿了靴子，比較難穿，花了點時間，武子桑始終帶著微笑地，更像是「守候」我們。從一九七〇年嫁進這個家族後，就一直在店裡幫忙，除了上菜、斟酒、聊聊時下的女星以外，也會像現在一樣，靜靜地站在後頭送客。

「當初三島先生離開時，我也是這樣看著他綁鞋帶，說恭候先生下次的大駕光臨。」

「欸，」停下動作，三島轉頭看著武子，「被這麼說有點煩惱啊……，不過如果有這麼美麗的女將在的話，那麼，會試著從那個世界過來的。」

啵地一聲，在同一個玄關，五十年前的時空向我們打開，彷彿還能摸到一點歷史的殘溫。而今晚的新橋，依舊嘈雜。

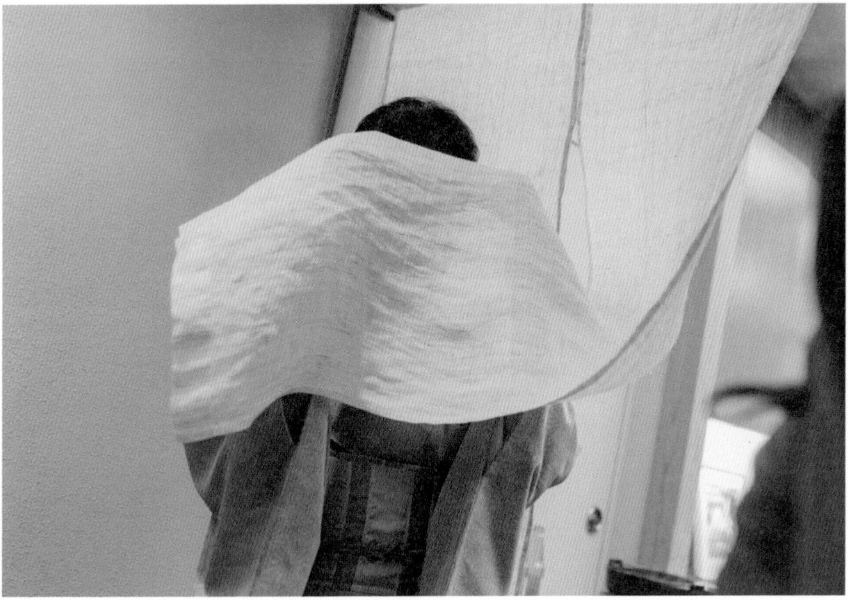

百年居酒屋

鍵屋

鍵屋

安政3年
一八五六

走下山手線列車，「嗶滋～嗶滋～」的聲響，原來來自於線路旁與月台人們對望的廉價賓館，窗簾後沒亮太多盞燈，但其上頭的霓虹燈，倒是沒有壞漏什麼字，繼續鮮豔地加入鶯谷站哀愁的街景，如果下點雨的話，還蠻符合《銀翼殺手》的世界。相較於淺草的喧鬧，這裡寧靜得能聽見鶯鳥的啼叫，故得其名，不過即使是在這樣充滿昭和感的寧靜街區，還是有一間民房，以更緩慢的速度，踽踽拖後獨行在時間的軸線上，那就是創業於安政三年的「鍵屋」。

跟從台灣來的幾位女性友人會合，即使在來之前幾天，被極北之地稚內的寒風折磨，還是得赴約，因為鍵屋有一條獨特的規則：不收單獨的女性客人。許多人可能馬上政治不正確的警鈴大作，不過如果放在它創始的時代背景下看，就又好像不那麼奇特了。其實不只鍵屋有這樣的規定，在茅場町的立呑大眾酒場

「New Kayaba」（ニューカヤバ），基本上也只歡迎男性客人，就算是一男一女，有時候還是會碰軟釘子，據說理由是，希望營造一個能放心講下流笑話紓壓的場所。為什麼不隨著時代改變呢？「因為，這是先代女主人的遺願」每組客人中只要有男生就行，是老店做出的小小折衷。

「鍵屋」原先以日本酒批發起家，在店內一角設置能內飲的空間，也就是今日風潮再興的「角打」，而後隨著食物慢慢增添，才在一九四九年轉型成真正的居酒屋。最初的建築現已不再使用，移築去了東京都小金井市，在外拍人士喜愛的「江戸東京建物園」（江戸東京たてもの園）度過餘生（東京帝國飯店的萊特館用相同方式，移築到愛知縣犬山市的「明治村」，讓後人繼續瞻仰其榮華）。不過現今使用的建物，也是屋齡接近百年的日本家屋，所以才走到巷頭，就被保養良好的建築薰風給迷倒，喝下了第一杯溫酒。

第一杯喝得容易，但老實說，鍵屋屬我所去過門檻偏高的店，第二杯之後也要喝得有一樣風情，並不簡單。像我們這樣帶著觀光心情而來，對食物又有點挑

鍵屋
鍵屋
酒

嘴的團體客，需要時間才有辦法適應彼此。不過，正也是老店不諂媚客人的風骨吧。

前菜是樸實無華（無味）的煮豆，溫酒則有三款選擇，櫻正宗、大關跟菊正宗，三支老牌銘柄都是灘酒。說到「灘」，除了想到每年考上一堆東大生的超名門升學校灘高校外，古謂日本酒三大產地之一的灘五鄉（今神戶市至西宮市周邊，約二十五間酒藏），也自然不能被忘記。吸收充足日照的良質米，配上礦物質多的名泉「宮水」，釀出了粗獷、氣盛、酸性強、重尾勁的日本酒，相對於水質軟、發酵時間較長的伏見，前者被稱作男酒，而後者則是女酒。

藉著洋流之便，一樽樽一船船的灘酒，直上江戶（以當時的世界觀來說，其實應該是「下」，近畿地方是上方，所以這些酒又被稱作「下り酒」）。初釀時充滿野性，但在二十天的船運過程中，在吉野杉木桶裡的二次發酵，除了賦加高雅芳香，也將口感修飾得穩重醇實，幾乎就是江戶男兒成長史的寫照，讓灘酒在江戶博得了爆炸性人氣，並一舉成為全國代表性的酒產區，甚至連今天伊勢神宮供奉用的御料酒，用的都是灘地區的「白鷹」。

除了清酒有故事，瓶啤酒選用的Sapporo Lager Beer，也是日本現存最古老的瓶啤酒。酒客們愛稱其「赤星」，自一八七七年開始發售，如今在東京已不容易喝到，不過有沒有需要為了這些酒特地前來，在眾多選擇的現今，就顯得有些見仁見智。

而後續的料理呢？豆腐雖大塊豪邁但沒有特筆之處；至於著名的串燒，跟網路上其他人的照片對照，烤色似乎不太穩定，像這天點的，以靈蛇盤踞上頭的寶劍「俱利伽羅龍王」為名、取邊角肉盤繞成的鰻串「Kurikara」（くりから），明顯就有些太焦，若要吃到真正好吃的烤鰻串，恐怕還是得跑一趟池袋的「Kabuto」（かぶと）啊。

那晚最後，眾人肚子空虛，草草結帳後跑去連鎖的串炸店吃得痛快，不過現在想想，在居酒屋過度挑剔料理品質，確實也是有些偏離其字面本義，特別是在

這種老舖，圖的是處居的時間品質，遠重要過吃下肚的食物。坐在吧檯的三位長者，節奏良好地一口酒，一點料理，一點寒暄，在其他桌客人都還在摸索遊戲規則時，他們早就已經不知道破關過多少次，試著刷新自己的最高紀錄而已。無法盡歡多少有些不甘心，但我相信是時間問題，有一天，我應該也能像大叔們一樣，將吧檯前的長板凳，坐出自己的形狀。

三桝屋

みますや

明治38年
一九〇五

以創業歷史來說，是鍵屋獲勝，不過現存以「居酒屋」型態營業最久的，則是位於神田淡路町，一九〇五年創業的「三桝屋」（みますや），用搞笑藝人的「藝歷」來考量的話，反而是鍵屋得叫它一聲前輩了。

小川町、淡路町這一帶，由於在二戰中，幸運地較少受到戰火波及，也因此有著許多以原初型態被保存下來的老宅，並成為波蘭畫師Mateusz Urbanowicz昭和筆觸描繪的良好題材（他是新海誠的背景美術師，著有畫集《東京老舖〔東京店構え〕》）。除了三桝屋，這附近的百年老店，還有著名的蕎麥老舖「神田松屋」（神田まつや，一八八四年）與「神田藪」（かんだやぶそば，一八八〇年）。每年十二月三十一日除夕夜，新聞的外景團隊必定來此拍攝人龍的畫面，對許多老東京人來說，不吃個神田蕎麥麵，這年就過得沒味道了。

兩間店各有擁護的粉絲，對於理想的蕎麥也各自有想像，但當神田藪在二〇一三年遭受祝融之災而半毀時，不分派別，大家齊聲哀嘆，所幸祖傳醬汁有成功守護下來，建物重建後現在已恢復營業。

在營業開始前半小時到來，屋齡將近百年的三州屋前，已經排了五六位，準備碰碰運氣，看能否鑽進第一輪少數的空位。等待的空檔，前頭的男客開始為女伴介紹這裡的歷史：原店舖在關東大地震後燒毀，於一九二三年原地重建後，就一直保留至今，並成為當今東京古典酒場的總本山[3]。戰時曾一度面臨火災燒失的危機，拯救這家店的不是別人，正是平日的常客們，大聲吆喝下人群聚集在店前，用水桶接力滅火（男客說有人拿酒杯裝水，這就太唬爛了），才讓災情收束在還能挽救的程度。現在看到的店面是在那之後經過擴建的產物，不同梯次的建材，被時間為名的黏著劑，給無縫地耦合起來了，在「泥鰍鍋」的大紅燈籠，以及古味的繩暖簾後，是多達一百三十個座位的歡愉空間。

一百三十個位子？那第一輪一定進得去吧？這麼想實在太天真了。我算幸運，

注3
日本佛教用語，指於特定佛教宗派內，被賦予特別地位的寺院，等同為該宗派的大本營或根據地。

拿到倒數幾張門票，進去之後，發現每張桌子的左上角，像大學聯考試場一樣，都貼上了姓名，山本先生、松本先生、青山先生，而這其中的半數，連卡式爐與火鍋的菜盤，都一起擺好了，十足氣派，特別是那需要預約的安康魚鍋啊，堆得如小丘般的腦滿腸肥痛風因子，放眼望去根本就像泡沫經濟時代的宴會廳。我被帶到店裡的最深處、僅剩的一張空桌，這是給「孤獨的美食家」的專用桌，四位獨自前來、互不相識的大叔，就被排在一起，一邊翻字跡瀟灑的酒譜，一邊啃兩顆小芋頭。

有拉著皮箱，感覺是來東京出差，搭車回家前來朝聖的面相憨厚大叔、有拿著文庫本，銀髮梳得油亮的紳士、還有位長得像藤井郁彌，身著三件式西裝的時髦大叔，加上我這位拿著單眼找機會偷拍的台灣大叔，男臭味特重的一桌，原以為氣氛會有些尷尬，但其實每個人都很自在地做自己。而且，除了對酒各有堅持外，每個人點的料理都差不多，幾乎像是大盤菜分裝成四份一樣，雖然我不愛「必點」這類的詞，但在三州屋，生馬肉片確實是必點的一盤。

どぜう

青森地方的馬肉味濃，適合切厚片做鄉土鍋；熊本的馬肉清爽，趁新鮮做成壽司或是涮涮鍋都不損格調；而三桝屋則透過熟成手法，將原先含量不高的油脂撐出深度，捲上一小撮現磨的生薑與蔥花，飽滿的肌紅蛋白隱約窺見了其來自原野的豪放性格，而今日被馴化，在餐桌上成為高雅風物詩的一景。不過要特別注意的是，熟客點餐時，只講「刺身」，店員也會知道指的是「馬的刺身」，但新面孔呢？最好還是講全名，不然就會像筆者一樣，多吞一盤生魚片。而且因為少人點魚，老闆娘還從廚房出來道歉說：

「歹勢啦！這個解凍還不完全，你放一陣子再吃喔。」

待酒續到第三輪，總算可以吃，不然它就像去東港漁會產銷班買到的冷凍鮪魚塊一樣。幸好這間店裡，生魚片是唯一的美中不足，醋漬小肌魚、煮牛雜、或是肉豆腐、燒肉，份量給得大方，調味也不手軟，都是下飯解酒好選擇，而且最可喜的是，絲毫感受不到百年老店的架子。並不是說它服務隨便沒有矜持，而是這老空間具有把人屁股黏住的魔力。如果說在鍵屋是坐針氈的話，這裡就

是魔鬼氈。

日本俗話說「道具は一〇〇年経ると化ける」，物品只要保存超過百年，就會變得具有靈性。即使客人陸續進來，沒兩下就把一百三十席位塞滿，可是飲酒的情緒，卻從沒被喧鬧聲給打壞，不得不懷疑深沉色澤的梁柱，或是牆上黝黑的菜譜，是否真的如俗語所說，不老實地把一部分音波偷偷處理掉了啊？順便把時間感也抹除，喝啊吃啊，不知不覺竟就超過了兩小時。

如果一個人來都能玩得如此愉快，攜伴來還有火鍋可吃，就更不用說了。芝加哥小熊順利在二〇一六年奪下世界大賽冠軍，並破除百年魔咒之後，「百年」這字眼已經徹底與悲情脫鉤。「要不要去三桝屋吃飯呀，它是百年老店喔」這樣的邀約，也就再沒有人能抗拒了。

まぐろ納豆 六百
いか納豆 六百
ほっけ

神亀
磯自慢
一合七五〇円
九平次
七五〇円
純米
酒一筋
一合
七五〇円
本格焼酎

我們一起狂熱的居酒屋

酒藏力

酒蔵 力

昭和44年
一九六九

二〇〇五年，一個臉頰還感覺得到酷暑溽氣的下午，帶著滿身的汗水，參加了網友見面會，Dcard世代可能不知道批踢踢（PTT），而批踢踢世代，又不見得知道，一個叫做CIA的網路佈告欄。那次CIA網聚衍生的蝴蝶效應，竟然，就在多年後把我給推到日本來了。

聚會上幾位朋友的慫恿，「好啊好啊就抽吧！」，一個還沒出過國，從鹿港搬來台北已是人生最遠移動距離的大學生，就這樣舉手喊聲加入了抽演唱會票的行列。

我心想，抽票沒這麼容易中吧，就抽看看，沒想到就中了！護照、機票、住宿，都還算容易解決，但我還是大學生啊，必點名的必修課要怎麼辦……，下個瞬間，已經拖著一只借來的旅行箱，站在桃園中正國際機場，甚至連有分航廈都不知道，在聖誕節前夕，懵懵懂懂地飛往了福岡。

「ＬＯＶＥはじめました！」（ＬＯＶＥ，要開始了喔！）經過效果器渲染，櫻井和壽[4]的嘶吼聲，伴隨四萬五千人的尖叫，在福岡 Yahoo! 巨蛋（現改名為 Paypay 巨蛋）屋頂下炸裂、迴盪，淚水噴湧的勢頭將隱形眼鏡都沖落，我才真正醒來，這一切不是做夢，那種音浪、聲光效果、大螢幕上動畫的世界觀、不用口頭約束的各種唱和手勢，ＤＶＤ裡常聽到樂手在台上高喊的「今晚我們要合而為一，好不好」原來就是這麼一回事，連續兩晚觀看 Mr. Children 巨蛋巡演，讓我正地打開了演唱會的視野，心中的一塊磁石，感覺被這土地的文化勾出了無數條密集的磁力線，我已無法逃脫，這成為後來，選擇來日本生活的原因之一。

由於有內心這樣柔軟的一塊過去，即使外貌再怎麼往一位酒場放浪大叔的形象趨近，終究是無法遮掩住我這種身為粉絲的狂熱核心。常有人問我，有沒有推薦的日本行程，非常難回答，唯一一個確定的，就是去參與一場表演（或體育

注 4
Mr.Children 主唱、吉他手。

賽事）吧，兩三個小時的時間，或許，會換到一個改變人生的機遇。

如果真的怕擠，嫌麻煩，那不妨轉而考慮被營養肥沃的粉絲文化，所孕育出的居酒屋，創業年份或許比本書其他前輩資淺，但以實用價值而言，還是相當值得介紹。首先是「酒藏力浦和本店」，座落於埼玉市浦和區，這個J聯盟名門「浦和紅鑽」的大本營。漫畫《飛翔吧埼玉》嘲弄埼玉人前往東京還必須經過通關手續，看似誇張，不過如果來到浦和，卻不是身穿代表三菱的火紅球衣的話，確實可能會被強烈的視線，當作異邦人給強制遣送出浦和國，那就更別說穿死敵大宮松鼠隊的鮮橘球衣了，請做好被爆橘的準備。

聽起來民性不佳？確實很差，在國際賽事出現歧視性叫囂與寫著糟糕詞彙的應援布幕，已經不是新聞，這些狂熱的鐵桿球迷，不管球隊成績如何起伏，依舊每場都將埼玉二〇〇二大球場球門後方的Ultra應援自由席，塞得旗海飄揚，並不斷高唱「We are reds! We are reds!」

酒藏力雖然不在球場邊，但每逢比賽時刻，店裡電視機前「We are reds!」的呼喊聲，就會強壓過商店街其他叫賣聲，彷彿穿越去了熾熱的球場看台。塞不進店內也沒關係，更多人選擇遮陽棚下的露台，兩個啤酒收納箱加塊木板……看球時誰跟你坐著呢？進球高歌擊掌，丟球嘶吼鼓舞，那種與鄰近人們心境達到高同步率的一體感，不免讓我回想到台北市基隆路上，那間小小擠擠的運動吧「Tavern」，當初看球的夥伴，有人成了體育主播，有人是意見領袖，各分東西，而酒吧本身，則早就與球隊的榮光，一起成了褪黃的回憶。

創業於一九六九年，當時的紅鑽，都還只是三菱重工裡頭同好會等級的業餘球隊，所以就算是非比賽日來，畢竟是具有歷史老酒場，還是能充分享受。最大的賣點，就是它多樣的燒烤內臟串，以及新鮮的醋溜牛雜，再配上充滿色素的「紅鑽沙瓦」，便宜的定價，快速收服眾多在地庶民們的胃。縱使隨著都市開發，浦和地價一路上漲，連鄰近的鈴木寫真館，這間堅持採用中片幅底片相機拍攝證件照的百年老店，也不得不宣布閉業，讓兩層樓的大正風木造洋房在惋惜聲中被拆除，酒藏力，卻依然像浦和街區的心臟一樣，強而有力地，繼續打出勃勃鮮血。

河 蔵
力
RIKI
近代
Riche

REDS
We stand
beside you
forever always
サッカーのまち浦和
やまぐち
内科クリニック
浦和駅西口
高砂小前
834-8828
質
カ

藤吉家涮涮鍋

しゃぶしゃぶ藤

平成26年
二〇一四

第二間粉絲店，位在大阪昔日繁華城區：本町附近，離關西現存最古老的咖啡店、一九二一年創業的「平岡珈琲店」不遠，吃完現炸甜甜圈，配杯百年特調，再走過來。不同於酒藏力店內掛滿各式旗幟，「藤吉家涮涮鍋」（しゃぶしゃぶ藤）店內，只有最小限度的線索，能讓你推測究竟是誰的粉絲會來，畢竟牽上關係的，是當紅的偶像團體。隨著粉絲跟蹤、騷擾的事件頻傳，AKB48所提倡的「能見得到面的偶像」概念，近年慢慢又再被限縮，所以即使這間店的店主，是某團員的父親，也很難在社群媒體上，大肆宣傳，「嘿我女兒是〇〇喔，歡迎來吃！」但粉絲也真的是厲害，就是有人能從店主的IG（instagram）上，找出一張他與女兒的合照，情報也才悄悄地在網路上傳播，並傳到我耳裡。偶像的事情這裡不多談，能夠吃到單人涮涮鍋的居酒屋，更值得珍惜。

お1人様大歓迎!

「為何像錢〇、〇嘟系列的單人涮涮鍋，在日本始終紅不起來？」一直是這幾年生活下來的謎團，有水準一點的鍋物店，幾乎菜單都要附註：至少兩人起算。其實早前的年代，無論是「丸千葉」、「豊田屋」或「鳥竹」，都是有著優秀單人鍋的居酒屋，但開業二〇至四〇年的中生代，突然就產生斷層，推測是因為創業當時經濟爆速成長，兩三人點一大鍋，看起來才氣派？查了資料依舊不得而知。

近年則是因為單身自炊的人口增加，各調味廠商陸續投入單人鍋湯塊市場，才讓「單人鍋」這名詞，重返搜尋的關鍵字推薦。藤吉家涮涮鍋除了選用關西在地肉品的單人鍋外，日本酒喝到飽，是個更難以抗拒的魅力。一般來說，居酒屋的一千五百日圓喝到飽方案，其實最後都是店家賺，因為一瓶中瓶啤酒進貨價是一百八十日圓以下，單這樣算就得喝八瓶，即使算入人事等經營成本，至少也得被喝三瓶以上才會虧。但你喝得下一千五百毫升的啤酒嗎？而啤酒又已經是居酒屋裡成本佔比較高的，約佔賣價的三十％，更別說沙瓦類的成本，都在十％以下。只有日本酒，就算定價三千日圓，店家還是得做好赤字的準備。

所以藤吉店主願意端出日本酒暢飲方案，可以自己打開冰箱，倒來喝……這樣經營真的沒問題嗎？

這天來的客人，全都是沒抽到票的失敗組（負け犬），一邊涮肉一邊舔舐彼此傷口，等到大家都吃到酒酣耳熱，店主才開始雜談他與女兒的故事，五人家族裡面，只有他們兩個愛吃肉。「一起去吃燒肉吧」，其實就是珍貴的父女相處時間。不過女兒參加選秀被選中，勢必得搬去東京生活，臨走前一晚，父女倆又去吃燒肉，深感心中的不捨。

店主對女兒說：「明天開始就沒人陪我吃肉啦，所以，我決定要暫時封印肉食了，等妳星路上軌道，回到大阪來時，再來去吃吧。」

沒有人預料到吃涮涮鍋會吃到洋蔥，喝下店主斟的新酒，是支充滿夏天活力的純米，肯定，也是他邊想著女兒，邊選的酒吧。

夏鈴ノート
100sheets maruman

夏 純米

樫尾酒店

樫尾酒店

平成24年
二〇一二

最後一間，則來到京都市區外圍的西院。在東京，各種個性店緊密排列的「橫丁」是主流；在京都，全部塞入單一建物裡的「會館」，才是飲兵衛們入夜後出沒的地方。位在西院「折鶴會館」後頭一角的「樫尾酒店」，每晚總是人聲鼎沸，彷彿像是在挑戰「一坪大的店面，究竟能塞進多少人」的世界紀錄。老闆樫尾英理究（Erik）桑臉孔完全是歐洲人，挪威與日本混血的他，卻只會講日文，與其說料理底子深厚，「喜歡做料理」是更準確的形容，他甚至開了二店、三店，提高單價，為的是一樣的氣氛下，享受更講究更花工夫的酒食，特別是煙燻類的食品，以及加入豐富材料的肉派（Pâté de campagne），是不容錯過的拿手菜。

店裡的公休日看老闆心情（IG會寫），但有幾天保證不會開，那就是Mr.

Father
Mother

Tour

Children 到關西圈開演唱會的日子。是的，Erik 桑是不折不扣的 Mr. Children 粉絲，不過店內既不貼海報，也沒有什麼被歌名所啟發的特調，只有他跟你覺得聊天聊得投緣時，才會秀出他的「父母會」官方會員卡，並從櫃台下拿出精選的演唱會藍光，讓酒店瞬間變成卡拉ＯＫ小酒吧，以〈Hanabi〉副歌「再一次啊～再一次」為號令，無論是否同身為歌迷，酒客們總是一杯又一杯地灌下龍舌蘭。

隔天早上在旅館地板醒來時才突然發現，原來 Mr. Children 這些年來一直歌唱著的，其實是那些還沒有度過奔騰的青春、就不知不覺成了大人的我們的歌，提醒著我們，胸口不只有酒精殘存的灼熱，想不顧一切大愛大恨的少年情懷，也一直都還在。被他們感召而背著行囊就跑來日本生活，也邁入第八個年頭了，生活中充滿著許多不為人知的葛藤、苦難，但〈無盡的旅程〉（終わりなき旅）裡的歌詞：「緊閉門扉的另一頭，好像有著什麼新東西在等待，『一定有的吧』我們總是這樣相信而往前」，一直是我的信念及初衷。相信這間店的門後，一定藏著什麼有趣的故事，今晚，繼續打開下一扇門。

Osaka

大阪

旅行情報誌總喜歡用「麵粉食」（粉もの）把串炸、章魚燒、好味燒一同圈成大阪的飲食文化，彷彿大阪人整天就是吃麵粉。然而，各種麵粉食發展的脈絡不同，用的粉不同，吃的時機也不同，這樣的名詞不僅限縮了人們對於大阪美食的想像，更輕看了愛吃的大阪人對料理的講究。

新世界

八重勝

八重勝

昭和22年
一九四七

住在台灣時，可能多少都會遇過以下對話：

「什麼？要吃鼎泰豐嗎？又沒有特別好吃，不知道在排什麼！」

「那你有推薦其他更好吃的小籠包嗎？」

「……。」

一樣的對話搬到大阪，就變成了「什麼？要吃八重勝嗎？真不知道它在排什麼！」，不過，先說結論，在串炸（串カツ）的領域裡，八重勝確確實實炸出了一個新世界，筆者非常喜歡，也覺得值得排隊。

十多年前來關西旅遊，青旅還未盛行，膠囊旅館也仍多針對日本出差上班族而設計，如果要尋找便宜的旅宿，多半都是跑到「新今宮」、「動物園前」站附近，一晚兩千日圓有找的旅社，一樓大廳還放著可自由借閱、大約兩百支左右七〇至八〇年代以劇情為主的成人錄影帶，不知道成為多少人旅途中的特殊回憶。然而，印象最深的，還是當時站前那種「政治不正確」的異樣氣氛，隔著一條我孫子大道（あびこ筋），北側是新世界，懸掛各式誇張的廣告招牌，燈花燦爛；走到南側，這塊街區卻好像被世界遺忘，街道髒亂、遊民聚集，連旅遊書也不願特別多提，這裡是西成區。

西成區曾經是個大量勞動力集中的地區，時間甚至需要回溯到上個世紀初期，一九二三年發生的關東大地震，除了直接造成的人員傷亡，更將避難人潮推至大阪，是近代唯一一次大阪人口超過東京的時期，也就俗稱的「大大阪時代」。御堂筋拓寬、新梅田開發，需要大量的土木工程，吸引而來的勞動人口，其夜晚的歸宿，多半就選在西成區，除了便宜，無論是往南到飛田新地，或者是往北去新世界，都十分方便。在那個禁菸意識還不強烈，智慧型手機也尚未被發明的時代，能夠一手叼著煙，一手取來吃串炸，自然獲得勞工朋友的熱烈喜愛。就算吃不起高級和風洋食餐廳提供的漢堡排與炸蝦，但濃黑醬汁包裹的一根小小金黃串炸，不也兼具了時髦的飲食元素嗎？

嚴謹規定背後的溫情

開啟串炸風潮的是麵衣厚實、開業逾九十年的「だるま」；不過率先貼出「醬汁只准沾一次」標語的，則是擁有優雅輕薄麵衣的「八重勝」。許多人可能把這項規則理解為勞工朋友衛生習慣較差，才建立起的風習。是的，原本的確有這層考量，畢竟許多人一下工，直接過來爽吃個兩三串，在新世界的阿伯群組裡，不沾兩次，是行之有年、口頭警告程度的潛規則。但隨著大大阪風光漸逝，新世界，從勞動朋友的廚房經過多年的沒落頹敗，轉型為感受大正、昭和情懷的觀光勝地，年輕女性客人增多，對這些初訪的客人一一說明這個規則，不只麻煩，也多少讓氣氛有些尷尬，「什麼，該不會剛剛的阿伯沾了好幾次吧……」。

一九八四年，八重勝明文貼出規定之後，新客人安心，而不離不棄一同走過黑暗時期的老客人們，也能跟往日一樣，不用在意多餘的目光，繼續自在地享受手中的小浪漫，看似嚴厲的用語，實則是對於各種不同族群展現包容及歡迎的大阪人情。

早上十點多，小小的鏘鏘商店街（ジャンジャン横丁），已經擠滿需要警衛疏導的排隊人潮，主要都是為了排八重勝，不耐久候或者想換換新口味的人，則在隔壁的「天狗」開啟一條新的人龍。現在由於有兩家店面，排隊時間頂多一小時出頭，從麥芽糖色暖簾下，便可看見洋洋灑灑四十種餡料的陣容，再猶豫不決的人，排隊過程也非常足夠讓你下定決心。

一入座，總之先來兩人份的炸肉串（串かつ）[5]吧！比起大阪其他店家，八重勝的麵衣格外輕盈，每串的單價雖略高於同業，但相對應給出較好的食材，特別推薦蔬菜與海鮮類，炸明蝦、炸蘆筍、炸牛菲力，浸入深底的不銹鋼醬料皿中，香料蔬菜的風味，完整地包覆細緻的油脂微粒，再配上檸檬沙瓦去油膩，是無限循環的共犯結構。

注5
一份通常三串。此外，在大阪，若沒有特別標註的肉類商品，指的都是牛肉；而在東京，則是豬肉。例如肉豆腐、肉湯（肉吸い），以及馬鈴薯燉肉（肉じゃが），現在則多混用。

不只食物好，這裡的服務也讓人感受不到人氣名店的驕傲，主掌炸鍋的兩名師傅，炸好之後用菜筷夾至面前時，會大聲地一一朗誦出食材名，很多店一忙就做不到這件事，但八重勝總是做得好且有朝氣。如果遇到外場不及應付客人加點的情況，師傅也會迅速對應，並用各種不同顏色的籌碼，傳令給外場讓他稍後能追記，細膩的作業流程設計以及員工高度執行，都是讓我想推薦八重勝的原因（唯土手燒[6]的味噌醬汁過於甜膩，是小小缺憾）。

吃完串炸出來，往右轉，就可以到「千成屋珈琲」喝一杯大阪的靈魂飲品「綜合果汁」。千成屋珈琲是創業於昭和二十三年（一九四八年）的蔬果店，起先是為了解決水果太熟得丟棄的問題，只好打成果汁，沒想到成了多年來支持大阪人生活的寶物——以香蕉、蘋果為基底的超級能量飲。如今，在東京車站的月台，也時常能看到小攤販售，每次擠完電車，必定要來上一杯。雖然二〇一七年一度歇業，所幸有企業願意接手經營，今天，仍繼續為小商店街提供不同面向的濃厚風味。

注6
以清酒和味噌一起燉製的牛筋料理。佐醬會在鍋邊築起堤防（土手）而得名。

酒之穴

酒の穴

昭和47年
一九七二

選擇往左，以通天閣為目標走去，擦身而過的九成九是觀光客，加上百分之一不耐煩的送貨員，不過走入垂直的小巷，意外地靜謐，原來在地的飲兵衛們，都改來這邊享受。戰後創業，早上八點就開門的大眾酒場「酒之穴」（酒の穴），是上完夜班勤務的勞工朋友們最愛，坐在ㄇ字型的吧檯，一杯生啤，一點關東煮，一兩串串炸，或者是招牌的八寶菜，只要從口袋掏一點零錢，就足以支付慰勞一晚辛勤的豐盛早餐。雖然曾被眾多地方情報誌報導，卻只低調地貼在廁所的牆上，這或許是現任老闆想保留一個給老客人安靜空間的心意吧。

入座沒多久，馬上就被隔壁的酒客老伯搭話。即使自己不覺得，但在關西人的眼裡，我長得極像以模仿電車車掌出名的搞笑藝人中川家禮二，因此，酒精一兩杯下肚，馬上就能聊得熱絡。

「阿伯明天休假嗎？」

「我每天都休假啊。」

「你女朋友是不是那個AKB48的，很可愛耶。」

「不是，要也是乃木坂46好嗎？」

「沒聽過，不過我們這邊幾位是喝太多48（飲みすぎ48）……」這段閒聊看似沒有盡頭，只好趕快請店家記帳在我頭上，請阿伯多喝兩杯後逃跑。

外頭的通天閣下，寫著下次大阪萬博的宣傳標語，新世界的觀光化，也就像心齋橋那樣加速進行著，日漸膨脹的外需，名產店、扭蛋機、珍珠奶茶店，是讓新世界的霓虹燈繼續閃耀的能量，但也同時把舊有的酒場文化，以及努力撐過黑暗時期的店家們，繼續往這些窄巷裡擠。在八重勝之後，酒之穴的食物只留下清淡的印象，然而，斑駁的招牌字樣，以及夾雜在煙霧之間的一縷哀愁，卻在酒退之後，依舊灼燒在我的胸口。

串かつ・お好み焼き・焼きそば
初代
エビス
通天閣
南本通り商店会
社会イノベーションの日
I ♥ 通天閣
TSUTENKAKU
日本一の
串かつ
横綱
半田屋酒店
無添
くら寿司
元祖串かつ専門店
新世界
おみや
大阪名物
1F カウンター
2F 座敷あ
宴会予約受付中
EXPO
22

草鞋屋

わらじや

昭和49年
一九七四

在通天閣腳邊的釜崎（釜ヶ崎，現稱愛鄰〔あいりん〕地區，多麼諷刺的名稱），原先以貧農與農地為主，大大阪時期因吸收廣大勞動力而曾短暫繁華，但立刻因戰亂、火災等多次人禍，終究在戰後，成為日本一大貧民街的代名詞。在當時，只有四成的住民有固定的工作，四成是日聘工，剩下的兩成，則是赤松利市先生著作《下級國民Ａ》（下級国民Ａ）裡的談論對象：那些暫時不方便有身份的人。行政組織採取的放任態度，讓許多日聘工被惡質發包商壓榨、欺騙，最終情緒炸鍋，一九六一年，發生了難以平息的武裝暴動事件，也使得今日的一般民眾，對西成區仍懷抱著可怕的印象。

我會對西成產生興趣，是因為ＮＨＫ著名節目《實境72小時》（ドキュメント72時間）的介紹，藉由定點攝影機三天的連續拍攝，不同觀看角度所得的資訊，

30
ここから

き
く

在腦中捏出一個3D模型。在西成區的這集中，當然免不了得介紹日聘工們的一日行程，早上去月租型寄物櫃，取出換洗衣物，然後在投幣式淋浴間盥洗後，到職業介紹所等待臨時工的機會。若是運氣不佳，沒工作，那就只好指望有社會團體辦野炊，靠放了不少料的豚汁或咖哩汁撐過這天。路上的飲料販賣機，多可見五十日圓的低廉品項，然而對他們來說，多半連這樣的餘裕都沒有。幸運一點，接到電廠這種高危險高報酬的工作，下了班，才能到「草鞋屋」（わらじや），這間被譽為是西成的人情食堂，給自己小小的奢侈。

由於有許多社福團體與行政資源在近年進駐，使得鄰近區域領政府補助生活的人，也都來到西成，而為了應付各式各樣的需求，草鞋屋也在不知不覺間變得比台灣的小七還要更多功能：首先，夫妻兩人交互蹲跳，造就了二十四小時營業的體制（對，除了交班時間，他們見不到面）；再來，與社福機構合作，幾名常客的處方籤用藥，直接由老闆保管，吃完飯就順便發藥；甚至，當有些年長者兩三天都沒來吃飯時，老闆就會打給警方，啟動協尋。也許它在網路上評價不高，但，對許多人而言，那一點都不重要。

難波屋

難波屋

昭和45年
一九七〇

另外一個試圖在西成帶動改變的場所，則是執筆當下正在拆除重建的「難波屋」。回顧爵士樂成熟的歷程，又有什麼比在西成區演奏還要更合適的區域呢？傍晚時分，難波屋只是間平凡的「せんべろ」（Senbero，花一千日圓就能小醉的店，俗稱千元醉）居酒屋；不過當夜幕低垂，街頭汽油鐵桶裡燃起廢材破衣的篝火，它就會化身成爵士樂居酒殿堂，對此地人們命運悲歌同感的樂手們紛紛來到這裡，不計酬勞車馬費，只為了讓狂放不羈的樂音，成為一個個孤獨心靈的慰藉。

拆除的過渡時期，西成爵士暫時轉戰比較靠近車站的酒吧「Donna Lee」（ドナリー），但精神不變，採自由打賞制，且大門始終敞開，為的是讓更多不同生活背景的人們能自由踏進，每盤三百日圓左右的酒肴就意外有水準，尤其是炸玉米天婦羅，忍不住多點了兩盤。

今晚的女伶，原是店裡常客，看完老朋友順便臨陣代打，走過布魯克林、哈林，再走回西成，充滿社會歷練的歌聲，配上狂犬般激厲落下的鼓聲鑼聲，穿透了在場人們上鎖的心扉。很多人也許沒電視看，更遑論要繳NHK的收視費了，但這裡，就是西成人的紅白歌合戰，即便沒有華麗的聲光效果與舞群，卻更深刻地、近似粗魯地，插入內心。不去探索為何人們會來到西成生活，是種基本尊重，更何況，在充滿不確定性的社會環境下生活，也許哪天自己也突然得收拾行囊，來到此過日？懷抱戰戰兢兢的心情，把酒喝乾，明天，將繼續與以現實為名的怪物，戰鬥下去。

新梅田食道街

松葉本店

松葉 総本店

昭和24年
一九四九

最初搬來大阪時，有一副畫面一直讓我記憶深刻，就是走出地下鐵梅田站剪票口，在通往地面的階梯旁，竟然馬上就有間串炸店，它是老店「松葉」。不分時段，在常磐綠色暖簾下方總是擠滿上班族，即使看不見他們吃喝的神情，但從搖擺的屁股，不難想像裡頭歡欣的氣氛。這畫面與舊甲子園球場通道內販賣炭火燒鳥漫天燻煙的景象，並列來到日本初期最大的「文化衝擊」，也多少期待，自己有一天能夠融入，成為搖擺的屁股之一。

一九五四年，向行政機關提出「佔用許可」後（跟博多屋台類似，固定繳佔用費），原先開設於阪急百貨旁的松葉，在連接地下鐵與JR大阪的通道上，點亮了分灶的紅燈籠。轉車的空檔，不再只有立食蕎麥，而能走進這裡速速吃兩根燙舌串炸，再瀟灑地上車，享有這樣的地利之便，不管梅田經濟如何起伏，不管究竟是持續非法還是就地合法，人氣不墜的松葉在大阪玄關口，一開就是六十年。

近年產權釐清之後，縱使歷經幾波抵抗，最終還是拂拂（可能有油漬的）衣袖，配合車站的重建工程而收掉分店，重心回到新梅田食道街的本店；另外，在鄰近的百貨LUCUA地下街，也增設了時髦的新店面。雖然後者有許多值得嘉許的新嘗試（在阪急集團穩固的大本營，其他百貨得絞盡腦汁才有辦法分杯羹），但腳步還是自然地往食道街走去。食道街入口處的章魚燒店「花章魚燒」（はなだこ）在經過幾年的努力之後，已經儼然成為食道街的門面，與南大阪「阿山醬」（やまちゃん）那種傳統的軟爛白醬內餡口感不同，「花章魚燒」的折衷路線，表皮稍帶煎出的焦緣，配上大把青蔥與噗嘰噗嘰淋滿的美乃滋，更能博得四方人氣，客人總是塞滿走道，甚至後來還逃漏營業稅（嘆）。

赤玉パンチ
akadama
SWEET WINE
SINCE 1907

現炸現吃，趕路換車之必要

面對梅田的洶湧人潮，松葉吧檯提供的不是百分之百現炸的串炸，而是內場師傅根據經驗，推測店內客人現在可能想吃什麼食材，預先下鍋。「香菇炸好了喔」、「蝦子好了喔」隨著吆喝，咚咚咚地在一串串堆疊在客人眼前的不銹鋼盆中，有點像西班牙美食小鎮聖塞巴斯提安（San Sebastian）的酒吧，一上座馬上就有東西吃。

如果與八重勝相比，其他店家不免有點像越級打怪，不過各自客人需求不同，松葉上菜速度飛快、酒水便宜、氣氛又好，還有酒場少見的背景音樂，簡單吃個三四串裹腹，再去排好味燒，或者是擠電車回家，比較不容易心浮氣躁，從安定身心的觀點來看，松葉仍然是一間需要被繼續守護下去的店。至少現在，不必再擔心非法佔用而被趕走了。

SAKURA

SAKURA

昭和45年
一九七〇

旅行情報誌總喜歡用「麵粉食」（粉もの）把串炸、章魚燒、好味燒一同圈成大阪的飲食文化，彷彿大阪人整天就是吃麵粉。然而，以在地雜誌《Meets Regional》前總編輯江弘毅先生為首，許多文化人對此嗤之以鼻，各種麵粉食發展的脈絡不同，用的粉不同，吃的時機也不同，這樣的名詞限縮了人們對於愛吃的大阪人的想像。不過新梅田食道街，確實是蒐羅了各領域的老字號店家，在時間有限的旅程中，還是能來這裡稍微領略麵粉食的多樣面貌。

五〇年代作為舊國鐵（現JR前身）失業救濟者的設施，將鐵路高架橋下的空間開闢成遊食天堂，台灣人熟知的好味燒名店「Kiji」（きじ），也是初期進駐這條食道街的其中一員。為何會說熟知？因為若是到了梅田藍天大廈（スカイビル）下的分店，用餐完聊到自己來自台灣的話，很可能會拿到「謝謝台灣三一一的支持」之類的短箋，這件事在社群媒體上不斷被推播，逐漸有了今日的名聲，名氣甚至超過已經在鐵道下守候三代的本店。

「叩咚！叩咚！」

極狹又昏暗的空間裡，伴隨著頂上傳來的列車聲響，說不上舒適的用餐環境，卻是都市精華區中，少數能感受到的風土。相比之下，明亮的「SAKURA」位子多了不少，豐富的鐵板料理品項，加上不用久候，反而成了我與台灣朋友約吃好味燒的首選。不過或許真的吃太多次了，又或許口味實在太過王道，現在提筆想寫，竟完全想不出任何圍繞它食感的詞語，一、個、字都想不出來，只能歸咎於它就是我心中好味燒的基準點吧！

大阪屋

大阪屋

昭和46年
一九七一

如果對碳水化合物沒有那麼強烈的渴望，可惜與筆者同名的「清元」燒鳥店已歇業，不然走到外圍，在公車站牌這側還有間「大阪屋」，不只命名俗又有力，提供的餐點與服務一樣是親民。這天來的時候客滿，問阿桑要等很久嗎？「如果不介意的話那邊可以站著喝。」然而沿著手指的方向看去，只看見一台半身高的冷凍庫，拿啤酒樽當椅子我是見過不少，但拿冷凍庫來當桌子，真的是嶄新的經驗。喝就喝，沒在怕。（好想偷打開冰箱。）

網站標語寫著「大阪最適合乾杯的地方」，從各種角度來看都覺得沒說錯：

一、年中無休，且從早上七點開到晚上十一點半，已經幾乎要超過人力吃緊的超商。

ホルモン鍋
鶏天
どてキムチ
カキフライ

ちくわ天ぷら
どてキムチ
野菜炒め

にゅうめん
オニポテセット
イカウニ
牛ハラミ焼肉
カキバター醤油
ネギトロ
レバカツ
チャンジャ
ヒレカツ
厚切りハムカツ
オニオンリング
おでん盛り合わせ
野菜炒め
げそ塩焼
天ぷら
カキフライ

二、不同時段有不同料理，正餐時段吧檯上擺滿各種手作熟菜小碟，可自由搭配成定食，下午三點之後開始提供關東煮，入夜後則是主推炸物，菜單設計讓常客不永遠嚐不膩。

三、酒水超大杯！而且不是用炭酸充數，讓人醉的化學物質確確實實地注入了杯底。礙於廚房火力，炒的東西略遜，不過燉煮類跟炸豬肝，依然能成為重量杯檸檬沙瓦的最好搭擋。

「乾杯！」聲此起彼落，與鄰桌的距離極近，要熱絡起來並非難事，雖然身後刮著年末的寒風，但三兩下功夫，眾人也是酒酣耳熱，直呼想脫外套。遺憾當年見識不夠，沒有辦法鑽進車站剪票口旁，松葉暖簾後的世界，可是多年之後，似乎用不同方式稍微融入了這條街，以及這個城市的文化內裏。新車站即將在梅田北側誕生，周邊的幾間大型百貨也都拉皮重建，但在土地表面開展出的美食網絡，努力地維持過往的姿態，來與後起的美食街挑戰者們良性競爭，沒有絕對的誰好誰壞。多年之後，希望他們能夠一起成為我對這個城市的鄉愁啊。

北新地

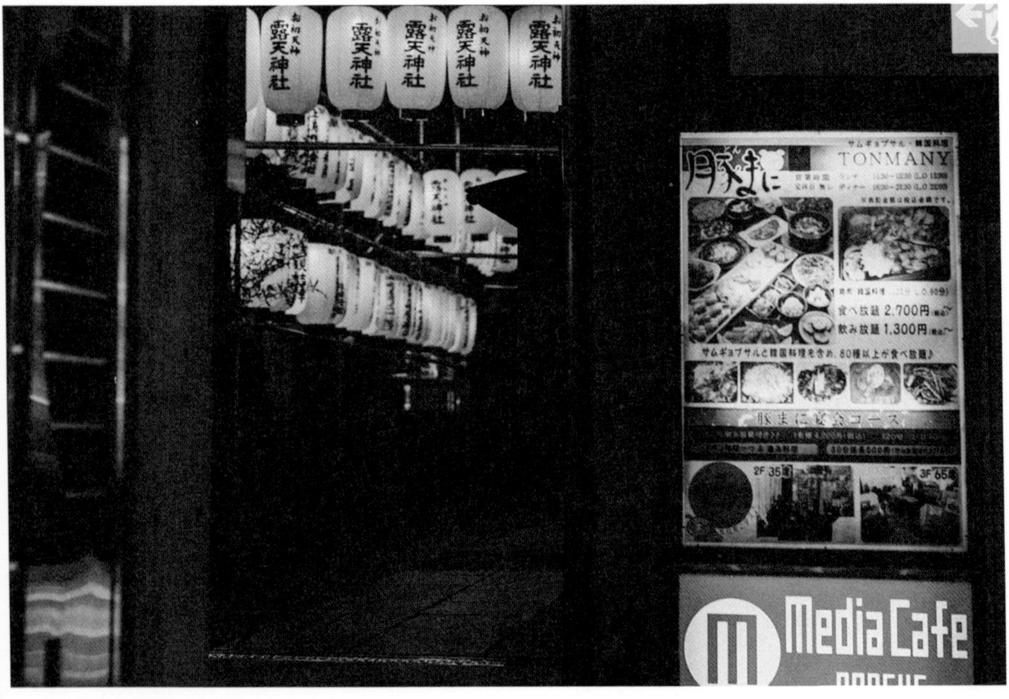
露天神社
サムギョプサル・韓国料理
TONMANY
食べ放題 2,700円
飲み放題 1,300円
サムギョプサルと韓国料理を含め、80種以上が食べ放題♪
Media Cafe

酒肆門

しゅしもん

平成8年
一九九六

很多人問過我，為什麼選擇去大阪唸書？大阪不是很無聊嗎？我的答案有兩個部分。首先，因為我知道東京的工作機會多，就業勢必要去東京，所以唸書時想找個截然不同的城市，瞭解不同民情。第二，回顧自己日記，在抵達大阪後的第三天，一早從位在市區西側的九條自家出發，帶著紙本地圖，沿著安住川岸，接土佐堀進中之島之後，反覆穿梭於南北向的大小橋上，最後，在中之島公園迴轉後，抵達辰野金吾先生擔任建築顧問的大阪中央公會堂，並在南岸的「Moto coffee」找露台坐坐，喝咖啡配奶油蛋糕卷，再一次遠眺它的磚紅，與粼粼波光相互輝映的模樣，片刻說不出話來。

人們說每座迷人的城市總有一條美麗的河流相伴，那在浪華八百八橋的水之都，大阪，豈不是等於手裡早就有張黑桃二？在那之後的三年，我每天課後到中之島跑步，是我想要忘卻異鄉生活苦惱時的最好方法。（到堂島的和風洋食「梵」買一份外帶的烤牛排三明治到河邊吃，就更不用說了。）

看著近年造訪大阪旅客破千萬的榮景，很難想像這裡曾經是治安最差、中輟率最高、學歷最低、道頓堀被揶揄為臭水溝（不過大阪人倒是覺得混濁的河水比較親切，連「堀」〔hori〕也要唸成濁音的「ぼり」〔bori〕）等形象非常負面的城市，所以當局做了不少努力。然而，近年的一些建設計畫矯枉過正，甚至難以撇除一味模仿東京的疑慮，蓋出了國際飯店、商辦大樓、購物中心，卻完全抹除了既有的文化色彩。

目前城市發展的軸心設在梅田，然而把時間倒轉一百年，從低窪地掩埋土石而整頓成的梅田（埋め＝Ume＝梅），尚未擺脫其陰濕的形象，船場（現本町）到堂島周邊一帶才是大阪最熱鬧、生產最多GDP的區域，除了孕育當今關西懷石料理界重要的血脈之一「吉兆」外，更滋養周遭許多條花街，使大阪商人擁有豐富的夜生活。只可惜如今的船場對觀光客來說，剩下買嬰兒用品的功能，而曾經繁盛的花街呢，已經養不起舞妓，榻榻米被酒吧包廂的沙發取代，只留下讓人還能聯想過去風花雪月的地名：北新地。

畢業前夕，學校的老師曾用「帶你去北新地見見世面喔」作為獎賞，激勵我找到好工作，雖然最後沒有兌現，但依舊能看出這個地方在老一輩人心中的地位。白天與晚上的北新地是截然不同的兩種面貌，當陽光還照耀在清洗門面、收拾酒瓶的黑服員工背上時，可以用實惠的價格，在高級的鐵板燒、壽司店與天婦羅店享受商業午餐。入夜後，車流在街頭閃爍著，變成連身禮服上的亮片，循著酒意蕩漾不止。不過，如同銀座一樣，高昂的房租加快了飲食店更迭的速度，隨意查查，吃過的好店家竟然有八成都不見了，實在不勝唏噓。

所以要在這一帶區域生存下去的店家，不只要靠實力，或許還得加上外在因素，譬如歷史夠久，像是創業七十年的庶民壽司居酒屋「龜壽司」（亀すし）；或者，穿越馬路，到非常隱蔽、房租較低的另一個區域「曾根崎」——因江戶時代淨琉璃的知名戲碼《曾根崎心中》而廣為人知。遊女（類似藝妓）阿初（お初）

與醬油行員工德兵衛相戀多年，想要結為連理，德兵衛卻早就被醬油行老闆欣賞，想逼迫他入贅，成為接班人，除非他拿錢出來，贖自己的身。好不容易籌出錢的德兵衛，卻又被自己最好的朋友騙走。慘遭命運擺弄的小倆口，最後只好攜手逃到曾根崎的露天神社，依偎在樹下，沒有回頭路的他們，聽到夜晚的鐘聲響起，下定覺悟，就此殉情明志。這不是作家虛構的情節，而是那個時代背景下，真真切切發生過的故事。

可惜今日的曾根崎，更像是週五深夜錢櫃KTV的門口，不管是喝完還是正在排隊等待入店的人，酒精濃度計一吹大概數字都破錶。稍微繞點路，穿過露天神社後（因戲而被稱為「お初天神」），才終於轉進一個能清晰聽見鐘聲的區域，小時髦的酒吧，上班族男女在店內並肩交杯，我卻苦尋不著目標店家，要不是曾經在網路上看過它山吹黃色[7]招牌的圖片，可能就錯失了它在其他店家玻璃上反射出的影像，而錯過預約的時間。

打開門迎面看到的，是斜度超過六十的階梯，盡頭掛著小小裱好框的店名。喝

注7
棣棠花日語名「山吹」，花朵是一種獨特的黃色，日本人稱呼這種介於橘色與黃色間的濃黃色為山吹色。

酒
肆

酒
肆
門

太多下樓梯肯定危險啊，心裡給了自己小警告之後，總算入座。吧檯四席（硬擠的話是六席），加上三張小桌子，全部都被預約的客人坐滿，外貌像是直接從擋泥板走出的昔日金城武、嘴角下垂的大廚與三位工讀生，張羅所有酒食。牆上除了吊著一尾新潟村上的新卷鮭外，更令人在意的，還有許許多多的人像插圖，以及「酒和女人以兩合（360ml，並取「兩個」的諧音）為上限」的字句，一問之下，才知道是著名插畫家寺田實（寺田みのる）在酒興之下的創作，只不過在歌頌愛情的露天神社旁，寫著女性兩名為止的劈腿行為，不禁替他冒汗。

前菜（お通し）是高湯浸煮章魚海菜佐紫蘇白味噌醬，並以鮭魚卵點綴，毫無疑問是我吃過的酒場中最強的開胃菜，有這樣的小碟，課徵前菜基本費（お通し代）也是心甘情願。然而我們吃得再雀躍，主廚老爹卻還是一直板著臉孔，嘴角紋路益加深刻。一個人要切生魚、又要炸、又要顧炭爐，哪有時間招呼面前兩位來自國外的客人呢？前菜的驚豔，讓人可以放心點餐，藁燒鰹魚、嫩炸穴子魚本身精彩外，裝在盤中陪襯的元素——茗荷、紅薑、紫蘇花、紅蒟蒻，完全不重複，更是現代居酒屋越來越難見到的堅持。才吃到這邊，心中的居酒

屋排行就已經躍升上前三名，而幾分鐘後發生的事，則讓它直衝到榜首。

點了一兩壺好清酒（超過兩合），開始想吃點零嘴，只是與粗鹽一起下鍋煎的銀杏像冬夜中的烈火，幾乎要灼傷我的指尖，卻又嘴饞地馬上想吃，於是以啃瓜子的預備動作，準備放進嘴中的瞬間，被主廚制止了。「拿來給我吧。」他放下其他工作，拿回銀杏，用厚實的雙手開始剝了起來，並露出本日第一次見到的微笑。當然，也有可能是在心裡偷笑：「你們這些不懂吃銀杏的鄉下人……。」

不過當下的我們就是不斷地點頭道謝，接過一盤完美的鮮綠果實。藉著這盤銀杏，拉近了我們與主廚的距離，酒越點越多，料理自然也是，白子蘿蔔泥鍋、炭烤合鴨、燉牛筋拌田樂味噌茄子，最後用招牌的鯖魚三明治做完美結尾。

臨走前，村上主廚彷彿憋了整晚似地，面對鏡頭不斷做出各種誇張表情，跟做菜時的威嚴完全判若兩人。雖然不知道哪一個面相更接近平常的他，不過我們清楚看見他對每一道酒肴付出的愛，以及想讓客人吃得開心的心情，沒有任何一絲虛假。想知道店名嗎？除非你願意說大阪不無聊，不然想要知道，「門」都沒有。

大正區

くわ焼
(外税)
一人前 (各2本づつ) 200円より
揚げもの 250円より
小鉢物 250円より
お 酒 450円より
ビール (大)
チューハイ
ハイボール
TEL06-655

Krasno

クラスノ

昭和24年
一九四九

大正區位在出海口地帶，雖然陸續興建購物商場，依舊無法掩蓋其中小廠房密佈的色彩，白天走在路上，鏗鏗鏘鏘的金屬機具運作聲，勢頭甚至要壓過砂石車的喇叭。大小運河將街區切成無數方塊，住在這裡的居民，除了依賴政府營運的免費渡輪外，藍黃相間、大大寫上「IKEA」字樣的接駁巴士，更是不可或缺的代步工具（能直接搭到梅田）。

我剛搬來日本，就住在大正區附近，房租便宜、物價便宜，而且審查寬鬆。只是我當時的活動範圍一直停留在JR站北邊，過了鐵路高架往南，遲遲沒有勇氣探索這被謎樣氣氛包裹而看不見筆直馬路終點的區域，也就是小沖繩。畢竟站前已有極為豐富的餐飲選擇，「大阪王」的煎餃、「RODDA group」（ロッダグループ）的正統斯里蘭卡料理、「天洋」加入一百克九條蔥（九条蔥）[8]的百

注8
著名的京野菜。

蔥拉麵，以及「Krasno」（クラスノ）這家創業近七十年的老舖酒場。「クラスノ」這詞一時之間實在讀不出日文意思，直到走進店裡看見牆上的獎狀，才勉強猜出脈絡。

松原豊一殿　感念您於戰後被強制拘留的勞苦，贈予這只銀杯。

平成元年十月二十日
內閣總理大臣海部俊樹

原來第一代主人在戰後成為戰俘，被押至西伯利亞做苦工，當時去的地方叫做克拉斯諾亞爾斯克（Krasnoyarsk），因此被釋放歸國後，取其詞頭 Krasno 當作店名，提醒自己不忘記慘痛的過去，在工匠聚集的大正站前，開啟新的人生。

坐在極狹長L型吧檯的短邊，內部操作看得一清二楚。滿臉通紅的第二代與細皮嫩肉的第三代，用包裹濃密油垢的器具烹調所有料理。開胃菜是高湯煮豌豆，並不是像畢爾巴鄂（Bilbao）淚豆那樣珍稀的品種，比較像是三色蔬菜裡的豌豆，卻煮得滿富旨味，好一個首打席全壘打，配上入味的醬煮鮪魚，打線串聯，遠比附近大阪巨蛋裡歐力士的比賽還要精彩。

不過真正的主力，是這裡的鐵鏟燒（くわ焼き），以及高湯玉子燒，前者是因為當時設備有限而誕生的權宜之計，沒有炭爐，所以直接將串好的食材放上鐵板，再用鐵鏟壓在其上，以重力增加其接觸面積，烤出的焦香味令人食指大動。軟糯多汁的茄子跟濃稠的田樂味噌醬雙管齊下，把口腔黏膜治得服貼。

至於鐵板玉子燒，原先是初代主人的招牌，隨著他的引退也跟著在菜單上消失，然而長進的第三代不願見到一道逸品成為記憶，努力練習鑽研，結果得到老人家首肯，近年再度回到酒客面前，湯汁的存在感更勝蛋香，配上大阪人心愛的紅薑絲，馬上就得再點下一杯朝日啤酒。端詳酒杯才發現是客製杯，上頭刻著短歌，結尾是：

あなたの戦後強制
抑留中の御労苦に対し
銀杯を贈り衷心より
慰労します
平成元年十月二十日
内閣総理大臣 海部俊樹

戰俘的苦痛也好，
世間有著許多難關，
都撐過來了，
沒有一點後悔，
我的犧牲，
都是為了廣大的世人。

能夠這樣舉杯高歌過去的慘痛犧牲，究竟是要多寬廣的胸懷啊，看來像是爽朗青年的第三代，肯定能承繼下去的吧。

宇流麻御殿

うるま御殿

前陣子搬到了三軒茶屋，新家公寓大樓的對面有間沖繩料理店，週日早上原想在床上發懶，卻被店員的攬客聲吵醒，只是說也奇怪，聽他在大太陽底下連續喊了快兩小時，就是絕口不提「沖繩料理」四個字。能用縣市作為料理框架、並有高認知度的，大概沒有其他地方能贏過沖繩，可是，「沖繩料理」卻始終脫離不了庶民路線，庶民無妨，然而在東京都內，把風獅爺、島唄的CD、沖繩襯衫（かりゆし）跟ORION啤酒湊一湊充數，就要稱作沖繩料理的隨意態度，不只讓人無法擁有在裡頭放鬆心情的想像，也似乎讓店員尷尬地說不出自己賣的是沖繩料理。

不過，如果肯給大阪市的大正區一個機會，或許對沖繩料理店不好的印象就能翻轉。大正區與神奈川的鶴見區（約四萬名沖繩移民）並稱東西兩大「小沖繩」，

うるま御殿
沖縄料理と島唄の店
うるま御殿
うるま御殿
地球一周の船旅
定休日
月曜日

區內有四分之一的人口來自於沖繩或與沖繩有關聯。

在Krasno門口搭上巴士，走在連接大正站與南恩加島「謝啦平尾」（サンスク平尾）商店街的大正通り上，也彷彿是在沖繩風情的濃度計上平移，霧靄車窗的彼端，是頹舊的平房，褪色的ORION啤酒燈籠，以及從人孔蓋隙竄出的勃勃水汽，頓時好像駛進了〈太空戰士七〉魔晃都市的設定集裡，鬱陶的氣氛，根本與世間所說的「花金」[9]無緣。所謂的小沖繩，就這樣在許多冷凍倉儲的無機質建物腳邊生根。

二〇世紀初期，沖繩經濟狀況惡劣，缺乏物資，人們甚至得吃蘇鐵的樹皮來充饑，被稱作「蘇鐵地獄」（ソテツ地獄）時期，許多人只好選擇搭船離開，到本州尋找生存機會。然而歧視的問題在岸上等著，四處碰壁之後，最後在要求門檻不高，且急需要工廠黑手的大正區落腳下來。為了互相幫助，以及提攜後進，沖繩人的社群，漸漸在這裡凝聚、茁壯，除了有針對沖繩人的融資機構、商店、圖書館，當然，也有最能一解鄉愁、能喝泡盛又能跳舞的島唄居酒屋。

注9
日本人說星期五是「花の金曜日」，簡稱「花金」（はなきん）。

「宇流麻御殿」（うるま御殿）是這條街上格局特別氣派的，招牌再破舊都掩蓋不了燦爛的過去，在表演舞台前，是大約二十張榻榻米的宴會間，泡盛種類豐富之外，沖繩佳餚也有大約五十餘種，可以先稍微吃飽喝足，然後等待每天兩場的民謠秀（八點與九點半）。聽一聽鼓掌就結束再去下一間……原本是這麼想的，也覺得萬一被叫上台唱歌，反正只要會 THE BOOM 的〈島唄〉跟夏川里美的〈淚光閃閃〉（涙そうそう）就絕對可以安全下莊吧，結果完全錯了。

即便店內寬敞，但由於是週五，所有位子馬上就被填滿，遠端的大叔八人組，桌上放了六支一．八公升的燒酒瓶；左右兩邊的中年聚會，戰力雖沒那麼誇張，但也是熟稔地一下就點滿整桌。也有過來吃個沖繩拉麵和炒麵線，不打算聽民謠的四口家庭，而我們則是先從熟知的海葡萄、炒苦瓜、炒餐肉麵線起手，也嘗試沒吃過的下酒珍味（極鹹）。不過，八點鐘一到，琉球太鼓與三線樂音齊鳴，我們才真正開始瞭解，為何ＯＳＫ日本歌劇團，每年都要派年輕團員來此觀摩。

為了符合歌廳秀的氣氛，歌詞中多少加了料，像是「拿起 ORION 啤酒乾杯啊」、

「ORION是我們的驕傲」之類帶酒促色彩的詞句，也確實蠻有效果，自嘲與哀愁交織在店主滄桑的歌聲裡，十分令人陶醉。果不其然，第一首唱完，我馬上就因為長得像搞笑藝人，被點名上台唱歌，但我不想破壞眼下這思鄉的氣氛，斷然拒絕，其實也是真心想要多聽幾首島唄。如果能點歌的話，想點同為沖繩出身的搖滾樂團HY早期的歌曲〈初雪〉，歌詞述說他們離鄉背井來到東京，第一次看到白雪時的興奮與感傷，身為遊子，每次聽到都彷彿跟沖繩人一樣被勾動心弦，然後不禁眼熱。

大概唱了三首左右，遠端一位精瘦的紅衣大叔終於按捺不住情緒，從座位站起來，跳起傳統的琉球舞蹈，而且從他桌上的酒杯研判，並不是酒精驅使，而是更具有主動意識的舞蹈，每個動作都極到位，頗有架式，就像複製在DNA內反射神經直接傳遞出來的信號。左邊的大嬸二人組踉蹌上前搶下麥克風跟著唱，前面的小哥、紅衣大叔各踞舞台兩側，邊跳邊轉圈，連門口的小妹妹都雙手高舉，像被搔胳肢窩一樣開懷大笑，只剩下我們跟右邊這兩桌，顯然是第一次來還放不下矜持的外人。樂手見狀，馬上加快音樂節拍，太鼓聲聲催，三線則嘈

嘈如急雨，再加上剛剛得意忘形喝下的三杯泡盛，恢復意識時人已經站在台上，跟陌生人尬起舞。轉頭看臺下，只剩下空桌、空盤、空酒杯，五分鐘前還盤腿聽歌的人們，現在全都擠在台上，滿臉笑容地互看彼此的舞姿，不懂沖繩舞蹈又如何，這種時候就交給身體去主宰吧，遙遠的醫學記憶告訴我這叫「亨丁頓舞蹈症」，在這個當下，它具有強大的感染力，寧可拋下努力強裝的形象，毫不害羞地跟著唱出「Rock me baby tonight」！

曲終，大家歡欣地在台上擊掌，回座後紛紛說：「不好意思請給我一杯 ORION 生啤！」補充水分。原先都還是「鄰座」的客人，現在眾人像是坐在同一張長桌上，開始交換起名片與聯絡方式，沒有分界地歡笑暢聊，原來有在地卡拉ＯＫ同好會的聚餐、有職場戀愛的第二次約會，也有音樂大學畢業後，睽違二十年的同學會！這一週，大家在外頭的世界，肯定都很努力了吧。不過就算受了傷，週五晚上只要來到南恩加島的角落，就像來到ＲＰＧ遊戲裡的客棧，一秒就補滿血，心疼沖繩人的辛苦，但也多少羨慕他們能有這樣的去處。

九點半，歌聲再起，這次大家沒有任何猶豫了，放下酒杯，紛紛站起身，今晚，我們要跳到天明！

關東煮特輯

章魚梅本店

たこ梅

弘化元年
一八四四

「關東煮」這種食物，進入我們的生活已久，它跟茶葉蛋與烤地瓜，共同成為超商不可或缺的金三角。不過，來日本玩的朋友有沒有想過一個問題，在關東，是不是從來沒有看過寫著漢字「關東煮」招牌的店家？「真的耶，大部分都是寫著『おでん』。所以『關東煮』是台灣發明的詞嗎？」也不是，因為關東煮，是關西人發明的！

為了找尋答案，我來到靠日本橋側的道頓堀南岸，這裡有間日本最老，創業於一八四四年的關東煮店「章魚梅」（たこ梅）。氣派且具格調的外觀，在這一帶大概只有壽喜燒老店「播重」（はり重）能夠比擬。沉重的深茶暖簾，刷上的三個大字店名，卻不是得自於招牌的章魚（たこ）甘露煮，而是因為店長站在ㄇ型吧檯應付客人需求，忙碌的模樣活像是隻章魚，因此有了這個店名。

ろーるきゃべつ
もち巾着
ひら天
ごぼう天
ちくわ
たまご
あつあげ
ひろうす
ねぎふくろ
すじ
ころ

廣東麵與關東煮關係匪淺

如果你問店長，他會告訴你，關東煮這個稱呼的由來，是因為當初在高湯裡加入醬油一同烹煮的靈感，來自於廣東料理的雜煮。確實，日本的中華料理店必定有的廣東麵，就是什錦醬油麵。而廣東（かんとん）、關東（かんとう）發音相近，於是以訛傳訛就成了「關東煮」。深諳庶民文化的大阪大學醫學部教授仲野徹先生，在其著作《讓我們來聊聊大阪》（そろそろ大阪の話をしよう）中提到，他母親曾告訴他，比起以淡泊為基準的關西調味，加入醬油一起燉煮，彷彿是重鹽的關東人才會做的事，取作關東煮，多少有種揶揄的心態吧。考量關東、關西長年以來的愛恨情仇，以及關東地方的おでん裡根本不必然加那麼多醬油的事實，我似乎被說服了。

週末中午雖然有營業，但只提供關東煮與章魚甘露煮的定食。其實，在追尋關東煮的源頭前，為著別的原因，我就已經知道章魚梅這間店了，因為，這裡有賣鯨魚料理，甚至還把鯨魚舌（さえずり）[10]拿去註冊商標。

注 10
「さえずり」原意為鳥啼，指吃起來會發出清脆聲響。

日本人吃鯨魚不是新聞，他們也有許多說詞，比如說文化，或者是戰後的營養午餐，本來就一直吃鯨魚罐頭肉等，不理會爭議而維持傳統，繼續提供鯨魚培根、鯨魚舌做下酒菜的便是章魚梅。既然中午沒有供應，也就不用在心裡糾結一番，鬆了一口氣。定食包含五種搭配的關東煮，以及一串章魚。先吃章魚，高雅而含蓄的甜味深得我心，然而關東煮本身……或許是期待過高，不免有些失望，只有蘿蔔特別入味，其餘被端出的時機都過早了些。

在來之前，我先打電話試著預約，但被老闆委婉拒絕，他說這家店，從創業者開始，並不是以關東煮店自居，而是間提供溫酒的上燗屋[11]，大家進來喝一兩杯，吃點下酒菜，然後愉快地離開，有著不讓客人久候，客人也不會久待的良好默契，一旦接受預約，可能就打破了。電話裡聽著聽著，蠻感動，也再花了蠻多時間拜讀網站與部落格，一百七十年的創業歷史，包含破產、分家，以及抱著高湯逃命的故事，多麼精彩與誠懇，然而實際前來，吃著大半沒有入味的這盤，最終，留下老店格調維護不易的深深感嘆。

注11
日本居酒屋常常可以看到牆上掛著「熱燗」、「上燗」的牌子。「燗」是加熱的日本酒，「上燗屋」則有「此處有賣熱日本酒」的含意。

關東煮 Kikuya

きくや

昭和35年
一九六〇

所幸還是有足以挽救我對關西關東煮信心的店家，而且不只一家。走出地下鐵玉造站，遠遠就能看見暖簾上「關東煮」的字樣，這是「Kikuya」（きくや）。中午十一點半開門，而我十一點三十六分到，竟然就得排到第二輪才能入座，其人氣可見一斑。

在旁邊的小公園曬曬冬陽，稍微休息片刻後入店，眼前沒有菜單，先偷聽隔壁大叔點什麼，「牛肉烏龍、牛筋、梅燒、竹輪，再來碗白飯！」這大叔攝取的澱粉明顯過多，還是冷靜下來自己選吧。

長方形的大鍋裡，彷彿就像暑假的戶外游泳池一樣，豐盛地擠滿各式配料，甚至有的已經浸不到湯汁，熱鬧無比。店內兩名師傅，在吧檯兩頭分別顧內容物

関東煮
きくや

関東煮

有所差異的兩鍋，小組配合，互補有無。在面前的這鍋以魚漿製品為主，加上能提供關東煮決定性美味因子的牛筋串（關東的關東煮不一定放牛筋，但是在關西卻是必備），看到當然要先來一串，加上煮色適中的蘿蔔，一口咬下，覺得身心的疲倦、昨晚的宿醉，都立刻被從齒縫滿溢而出的汁液修復。

感受到此處調理肉類的手腕高明，趁勢追加一碗大阪名物「清涮肉湯」（肉吸い），與剛剛香氣濃郁、層次豐富的高湯不同，拌入海帶干絲的清澈肉湯，把參數全都點在了鮮味（旨味）上，兩碗屬性不同的湯交互喝，輪廓更為清楚。即使擺放材料的方式如此粗獷豪邁，然而出乎意料的纖細調味，以及恰到好處的烹煮火侯，無怪乎有人一進來就外帶六千多日圓。因為傍晚才開始供應酒飲與葉菜類，只好在腦中輕輕想像涮好的水菜、菊菜，配一杯溫酒，勢必得找個夜晚，再來一次了。

Maria

まりあ

從難波沿南海電車的軌跡向南走十多分鐘，「Maria」（まりあ）座落在住宅區與商業區界線上的老舊雜居公寓一樓，外頭的紅燈籠電源沒接，但湊近玻璃一聽發現人聲鼎沸，小心地推開門，一挺厚實鋼條收邊的胡桃木吧檯，站在其後的是一位綁著丸子頭，身著荷葉邊圍裙，散發「原宿的媽媽」算命師氣息的中年女性，想必她就是Maria了。

「晚上好。」

「外面燈籠沒亮，想問有開店嗎？」

「哎呀，剛剛太忙，都還沒空去開燈，客人就一直進來啦！」

太好了，沒有撲空就好。坐定之後，發現店內不管是櫃檯後方，或者是客人腳邊，都有著大小不一的鮮橙色紙袋，那是大阪人必定認識的紙袋：以堂島奶油捲出名的「Moncher」。我像條巴弗洛夫的狗，看著看著就想吃甜食了。十個不到的座位，圍繞著 Maria 排列，與其說是關東煮店，更像是媽媽桑的小酒吧。

相較「きくや」大浴場那水汽氤氳的模樣，這裡的個人湯屋顯然只開了最低限度的火，相對少的品項，靜靜地浸潤在色澤較深的高湯裡頭。先吃一個中午沒吃到的梅燒吧！梅燒是大阪特產，造型有點類似大顆的統一布丁，口感則介在魚漿與蛋豆腐之間（因為原料就是這兩者），吸附湯汁之後仍保有獨特個性，的確值得品嚐。而竹筍、油豆腐、蘿蔔與牛蒡天婦羅，每種都入味可口，雖然有點失禮，但完全超出我的期待。

北京料理
白楽天

不只食材入味，還有濃濃的人情況味

日本由於人力短缺，各大超商都在重新檢討營業方式，只是誰也沒想到，感覺就是一直放置在那裡的關東煮，竟也成了被開刀的對象。因為，同一個鍋子裡，每一種食材適合浸煮的時間不同，得仰賴店員頻繁確認。所以從二〇二〇年開始，有些超商將只提供微波加熱的關東煮密封包，或許他們能來向Maria討教，因為整個晚上，她花在顧食材的時間其實也非常非常有限。

才在聊天中透露自己來自台灣，她下一刻馬上用親暱的「台灣醬」（台湾ちゃん）稱呼我，並且拿出以前來用餐的台灣留學生照片；面對第一次來還搞不清楚的韓國客人，立刻切換韓語聲道，用「雞蛋、蘿蔔、好吃、請給我」等拼湊出來的韓文，逗得兩人開懷大笑；有客人抱怨對面的桌球咖啡廳wifi訊號不佳，馬上拿起電話要求盡速改善，當然也不忘對為感情所苦的年輕客人開導一番。才坐沒多久，就感覺自己像塊蘿蔔，深深浸潤在Maria的個人魅力中。

「晚安，聖誕快樂！」

看似常客的小哥走進來，原來他就是對面桌球咖啡廳的老闆。見到他來，Maria一轉身，又拿出了魔幻的橘色紙袋。

「聖誕快樂！不是偏心喔，是感謝常客平時的照顧，才送個蛋糕給他們吃，你們常來，也會有的。」

在日本各地探訪的旅程，其實想追的不是什麼稀世珍饈或獵奇的美味，而是像這樣，隨時回想就心頭一暖的人情況味。Maria桑，聖誕快樂。

03

Fukuoka

福岡

或許是天神中洲一帶熱鬧的屋台飲酒景象，又或者是博多的明太子、鐵鍋餃、烤雞皮串等小吃太好下酒？總之，我飛到了福岡——我大學時初次到日本，所造訪的第一個都市。

長濱地區

長濱拉麵

長濱ラーメン

昭和30年
一九五五

「你要寫居酒屋的書？那怎麼可以沒有博多？」

聽到美食家友人B這麼說，怎麼可以不去博多訪查呢？還沒仔細想清楚這句話的邏輯，人已經在前往福岡的飛機上。或許是福岡的代表搞笑藝人博多華丸・大吉[12]嗜酒的印象？或許是在天神中洲一帶屋台[13]熱鬧的飲酒景象？又或者是明太子、鐵鍋餃、烤雞皮串等地方名產太好下酒？總之，我飛到了福岡——這個我大學時初次來到日本，所造訪的第一個都市。

從福岡機場搭地鐵進入市區，僅需不到十分鐘的時間，要想在過海關半小時內，就在博多站地下街的「博多雞皮大臣」（博多とりかわ大臣）啃起沾滿醬汁的螺旋烤雞皮串，完全不是難事，即使放眼全世界，大概也不容易找到能與之相

注12
日本喜劇二人組合，活躍於各大全國性綜藝節目。
注13
類似台灣路邊的攤販。全日本約有四成的屋台集中在福岡，而在天神，中洲及長濱三個地區更為主要地。

比的城市。

只是如此便利的交通，總有其代價，就是這幾十年來如緊箍咒一般，限制住福岡發展的航空法，規定樓層最高只能蓋到六十七公尺高（約十五層樓），業主只好尋求橫向發展，造就了像福岡三越百貨這種，宛如蜂蜜蛋糕一般的長條造型，直接霸氣橫跨了兩個地鐵站。「您好，您想找的〇〇專櫃，在隔壁的天神南站那邊喔。」

摩天大樓蓬勃興起，路邊屋台逐漸沒落

不過身為人口增加數排全國第一的都市（大力對創意與 IT 業界招商有成，年輕人口比率也是全國最高），再怎麼往橫向鑽，也得有空間鑽才行，終究是鑽到了一道硬牆，沒地方去了，地租高、空屋率低，即使建物再老朽，算了，就忍耐吧。幸好，近年法規終於鬆綁，福岡市府順勢推出了天神 Big bang 計畫，要將天神一帶老舊的商業大樓與廢棄的校地重新整理，期待在二〇二四年之前，

蓋起好幾棟擎天大廈，為福岡刻畫出嶄新的天際線。只是大霹靂一爆，許許多多曾與這些大樓連結在一起的喫茶店、和風洋食或蕎麥麵店，肯定也要跟著變成回憶了，「如果有找到新的店址，會再去網路上放消息的喔！」讀著過分有精神的店門公告，不得不也感到惋惜呀。

看在店主眼裡，或許會羨慕「佔用道路」營業的屋台們，再怎麼施工，只要確保粉塵不會飄到拉麵湯裡，每個晚上照樣能夠人聲鼎沸，也真的有人對他們發出不滿，為何只要向市府支付便宜的「道路佔用費」，就可以在寸土寸金的天神做起生意？於是，有了日漸嚴格的屋台管制條例，規定總數量、規定不能繼承、規定營業時間等等，結果物極必反，變成沒有人要接屋台的生意做了。

為了性急子的福岡人而誕生的極細拉麵

如果看觀光客眾多的中洲、天神一帶大概不準，幾乎折半的屋台數量，反映在福岡市區其他各處，比如說，以長濱拉麵（長濱ラーメン）聞名的長濱地區。

原先是因應魚市場的落成，在河堤前開始有屋台聚集，而福岡商人以性急著稱，因此這裡的拉麵選用極細麵條，速煮速吃，也就成了長濱拉麵的特色。

然而，鄰近商店街的沒落、天神地區的吸引力，加上取締日漸嚴格，讓今日的長濱地區只剩下孤單四間屋台的身影（其中兩間還屬於同一家店）。隔著馬路往對面看，咦？也都是掛著長濱拉麵招牌的店家呢，包括成功進軍東京與京都的「number one」（ナンバーワン，一九七一年創業）。

「這些店，曾經都是屋台的夥伴，共同打響了長濱拉麵的名號。」一邊歙歙歙地吸麵，一邊聽店主述說，倒沒有什麼因爭地盤而決裂的故事，只是單純想要有個不受太多限制的經營環境，所以最終選擇了有空調設備的樓房店面，窗明几淨，還擺了台餐券機。

「可是跟你說啦，這邊的麵比對面好吃多了。」才正在想，來博多屋台吃拉麵，最好吃的吃法，應該不只是加上高菜、木耳與一小匙的辣味噌（辛味，讀作

TIPS

·

博多拉麵的麵條硬度，除了常見的「偏硬（硬め）」外，還有「很硬（バリカタ）」、「鋼絲（ハリガネ）」，以及入鍋只涮了五秒左右的「粉硬（粉落とし）」。很硬之後的，基本上麵心都極具存在感，試過一次鋼絲，讓我回想起在牙醫診所裝牙套的經驗，嚐鮮一次就好。

karami），還要有鄰近食客們的勾搭（絡み，同讀 karami）。啊！馬上就被戴棒球帽的小哥纏上了。

一個小時前，福岡軟銀鷹隊的千賀滉大投手，在主場投出了無安打完封勝，看完比賽來續攤的三人組，心情大好，果不其然，馬上先被請了一杯。這晚，總共被請了三杯。新認識的朋友大紀桑，原來經營間裝潢小公司，拜再開發之賜，生意不錯，但看完球常會順路過來的長濱地區，全盛期可是有十五間屋台以上呢，整條路排滿滿的。

看著自己的一種生活流程，如今逐漸走向凋零，的確會有些感傷，他應該是抱著想要應援的心情，不斷向我推薦：「也有去過天神那邊的嗎？但還是要說，這裡的拉麵好吃，小哥你要再來一碗嗎？」嗯，人還是要有懂得拒絕的勇氣。不過，這並無損我們的酒興，聊了好久好久，只是，這整晚，除了警察來巡邏外，竟然都沒有新客人再一起來湊熱鬧（「甲夾」燒，kheh-sio）了呢。

長浜屋
元祖
長浜屋
入口

博多車站

虎屋

TORAYA

仁治2年
一二四一
14

在博多站附近不遠處，有座名為承天寺的古剎，於西元一二四二年，由僧人聖一國師集資並建立，當地夏日不可缺的風物詩〈祇園山笠〉巡行的習俗，其實正是起源於這座承天寺。

時值盛夏，走在頗具風情的石板參道上，心靜的緣故嗎，竟也不覺得炎熱，只是，日本寺廟何其多，為何講飲食的書需要提到呢？只要踏入伽藍境內，馬上就會瞭解——綠鬱樹影映照在「饂飩蕎麦発祥の地」（烏龍麵與蕎麵的發祥地）與「御饅頭所」兩塊氣派的石碑上。

前述的聖一國師，宋朝時到了中國留學，帶回國的不只是思想，還有利用水車牽引石臼磨粉的技術，這徹底改變了日本的麵食文化，並在幾百年後，蛻變為

注14
1241年為技術傳授的年份。現在虎屋的創立，大約在1500年。

推動和逆輸出國際市場的一項強力武器。順道一提，製作羊羹與饅頭的技術，同樣是由聖一國師帶回的。

某日化緣途中，國師在茶屋稍作休息，得到了賓至如歸的招待，遂將此門技術傳授給店主，一段日子後，店主以「虎屋」（TORAYA）的名號，開始做起酒釀饅頭生意。是的，就是後來成為過節送禮時，高級和菓子代名詞的那個「虎屋」。

葉隱烏龍麵

葉隠うどん

昭和60年
一九八五

雖然處在一個說到烏龍麵，不講香川讚岐就不夠專業的時代，不過，既然提到前述的背景，還是花點篇幅介紹福岡的烏龍麵。由於福岡的商人性急，比起需要好好咀嚼、品嚐勁道的關西烏龍，在博多，主流的風格是將花更長時間煮的麵條，煮起來放竹簍裡，或直接泡在水裡，等到點餐再川燙回溫後配清湯上桌。

出乎意料地，它一點都不軟爛，最好的驗證場所，是博多車站東側的「葉隱烏龍麵」（葉隠うどん），店內手打的麵條，刻意打出波浪般不規則的粗細，讓即使經過十六分鐘（一般的手打麵大約煮十一至十三分鐘）的滾水烹煮，自然地劃出一道軟硬分布的連續光譜，帶有珠光的邊緣香軟，而雪白的麵央則彈舌有勁，即使可加購天婦羅配料，但這一碗，我認為屬於麵條的獨舞。

本格手打
はがくれ
葉隠うどん

博多茶壺烏龍麵

博多あかちょこべ

平成12年
二〇〇〇

兩三年前東京都內曾興起博多烏龍居酒屋的熱潮，雖然還是打破不了由「丸香」領銜的讚岐烏龍麵之一強態勢，不過靠著豐富酒肴，位在中目黑高架橋下的「二〇加屋長介」，依舊養出不少忠實粉絲。其博多本店，藏在地下鐵的藥院站附近，為了維護住商混合區的平衡，這一帶的居酒屋有著最高品質靜悄悄的共識，即使擁有九州各地的好酒，配上裹粉炸成酥黃的厚切雲仙火腿排，酒客們仍然按捺住高漲的情緒，把力氣花在吸麵上。

隔壁巷裡掛著粉紅燈籠的神祕拉麵居酒屋「Tsudoi」（つどい）一樣走這個路線，最低限的對話。印象中，店主只有結帳時講了一句金額，其餘時間只聽見大鍋滾水、瀝麵、麵勺敲擊鍋緣、丼碗放上吧檯，加上自己的吮麵聲，菜單上的「有湯的那個」（汁ありのアレ）、「沒湯的那個」（汁なしのアレ）、「四

次元麵」（四次元そば）究竟是哪個，四次元又是哪四次元，就只能自己盲點了。

如果不想這麼壓抑，那麼好幾本地方情報誌不約而同放在刊頭介紹的人氣店「博多茶壺烏龍麵」（博多あかちょこべ），自然是首選，它位在櫛田神社的正對面，其停車場擺放了幾台日間休息的屋台車輛，如果有興趣跟拍屋台一日的作息，那麼不妨吃完來這裡埋伏，大約四五點屋台車就會開始動起來，只是現在多半不是經營者自己拉，而是聘請勞力，並且，印證日本勞動力不足的社會問題，外籍人士拉車是更為常見的景象。其實，京都的祇園祭，在每年七月十七日是大家最期待的山鉾巡行，想像中應該是社區（町內會）成員大家齊心協力搭建，並且帶著自豪的心情拖曳巡行吧；事實上，巡行當天，找了不少外國人當幫手。為什麼會知道呢？因為我就去拉過，走在河原町的大馬路中央，並成為一張張旅遊照裡的小元素，很奇妙的感受。

發源自承天寺、傳遍市內的，不只有烏龍麵製作技術，還有祇園山笠，如今兩者又在櫛田神社重逢。色彩斑斕奪目的祇園山笠，在一旁的空間巍然屹立，靜

八番山
神武

態展示的可看性，竟也不輸動感的市內巡行。而胡桃木建造成的茶壺烏龍麵，建物則相對陳舊，只有各媒體採訪留下的貼紙，為其稍添不寂寞的色彩。

「あかちょこべ」（讀作 aka-chokobe）這有點饒舌的店名，是在向櫛田神社致敬，它本殿破風上，風神張眼吐舌準備逃跑的模樣，在博多方言裡，就叫做「あかちょこべ」（風神雷神原本說好要一起在博多製造災害，但風神看見在地居民虔誠奉事的模樣，反悔了，於是逃跑，這個詞也因此成為帶給博多安樂生活的吉祥象徵）。

進到店裡，很難不被吧檯上掛滿著的小茶壺吸引，上一次看到相同的景象，是在藥燉排骨店，究竟是幹什麼用的呢？當歸鴨肉烏龍麵嗎？點菜就知道。螢光黃的短冊上寫著「晚酌套組」，令人開心的是中午也能點，只可惜兩樣小菜用了一樣的白芝麻味噌醬汁。

地中海料理

博多 あかちょこべ
Retty
博多
あかちょこべ
心地酔い処

好吃到顧不得吃相的「邋遢烏龍麵」

點了本店三大人氣烏龍之一的「ずぼらうどん」，直譯為「邋遢烏龍麵」。在日本書店的料理書櫃位，不時能夠見到「懶人料理」（ズボラ飯）的字眼——下班累得像條狗，回到家打開冰箱，三兩下就能做出，也不用管賣相的料理——日本上班族，確實很需要。

「咚！」一直在意的茶壺端上來了，旁邊放著一碗放滿細蔥段的濃色沾汁，筷子則大喇喇地插在壺嘴……。已經搞不清楚究竟是邋遢還是被討厭，小心翼翼地打開壺蓋，淺棕色的烏龍細麵，就安逸地躺在壺底。趕緊趁熱夾起麵條，嶄新的呈現方式，配上的卻是揉合了古代小麥胚芽的麵體，與市售的精緻澱粉麵條，從風味上就大不相同，一瞬間甚至有吮著高雅蕎麥的錯覺，但不失其身為烏龍的彈力，與舌尖齒肉幾乎零摩擦力的口感，組合起來就是個「鮮」字。而南蠻沾汁夠味，感覺在菜市場熟肉攤切一盤紅燒肉、燙花枝、炸豆腐再淋上這汁也會挺過癮。好吃好吃，吃得嘴邊都是汁，有夠邋遢。

店內另一個人氣商品，是乾咖哩（Keema）烏龍拌麵。寫稿的當下，正好冰箱裡有一碗昨晚剩的乾咖哩，而且寫太投入，忘記按電子鍋的炊飯鈕，那就比照辦理，嗯！好吃！也是「ズボラ」滿載的一碗。

走出茶壺烏龍麵，在附近閒逛。拜櫛田神社之賜，各電視台經常套裝行程般地，到緊鄰的川端通商店街取材，也讓許多店家帶給我「deja vu」的似曾相識感。雖然此時因「徵用工」問題，日韓關係降到冰點，來自韓國的觀光客也大幅減少，但對於在地性強烈的商店街而言，沒有太大影響，照樣生氣勃勃。跟隨其中幾位愉悅老年人的腳步，發現他們共同的去處，是路旁三角窗的豚骨拉麵店「博多屋」（はかたや），一碗竟然只要二百九十日圓，各種族群在裡頭用各自的節奏，抬高拿筷手，手肘呈九十度，簌簌簌。有如此強勁的老將，無怪乎中生代的茶壺烏龍麵需要絞盡腦汁，在麵條與盛盤下不一樣的功夫。不過不管年資，它們共同滋養了在地麵食文化的事實，沒有什麼好質疑。「簌簌地／吸著沾汁與麵條／夏天的樂音」，短歌裡形容的悅耳場景，與熱鬧的山笠追逐賽，今年也會繼續成就另一個動感的博多夏日吧。

旭軒

餃子の店旭軒

昭和29年
一九五四

又寫拉麵又寫烏龍，連兩篇一下子把福岡人，打造成了碳水化合物超補的形象，不過屋台文化盛行的此地，再怎麼說，還是要講「B級グルメ」，也就是庶民小食，最對味。

從機場搭乘地下鐵進市區，如果在博多站下車，馬上就面臨兩個選擇：煎餃子，或是烤雞皮。選擇前者的話，請闊步走出車站，認明寫著「餃子」兩個雪白大字的赤紅暖簾，一九五四年以屋台起家的「旭軒」，下午三點，就在商辦區的一角，歡迎著你進來開一人的餃子派對。也許，有些讀者心中想「日本的餃子，哪有什麼好吃，我家巷口煎餃屌打」，對，這樣的留言我也看過上百遍，特別是當親友知道，我是在其旗下經營餃子館的中小企業上班時，這總是他們的第一反應。

登録商標
餃子の店
旭軒
駅前
TEL451

旭軒
餃子の店
只今
営業中
です
注意
自動

從留學一直到就業，我談著同一場遠距離的感情，即使這麼多年，也從來沒有學好如何處理送機時的不捨情緒。在關西機場送機時，我們會選擇上樓吃點東西，試圖用食物、熱量、辣勁來分散注意力，也就是這樣，才認識了前東家「紅虎餃子房」。彷彿淚水般滿溢的肉汁，在咬下具嚼勁的大餃子麵皮後，炸裂在白襯衫上，相視而笑的我們，跟日本餃子的深刻緣分，沒想到就這樣締結下來，「原來日本有這麼好吃的餃子！」投了履歷，並順利當起該公司的店舖設計師，整天電腦螢幕上顯示的，都是餃子、餃子、餃子，偶爾炒飯。拜在職的四年期間，對於餃子的認識，愛與恨，現在應該是可以有自信地說：屌打其他人。

坐在旭軒的吧檯觀察十分鐘，應該就會發現有不少大叔只點一瓶啤酒，加一盤一口餃，前者才是碳水化合物，後者只是配菜、零嘴的概念，最清楚地詮釋了許多人在來到日本旅遊時對餃子產生的期望落差。

滿洲國時期被派駐到中國東北的第十四軍團撤退後，駐紮在栃木的宇都宮，並將餃子文化一起帶了回來。由於只需要美援麵粉，加上少量的肉品與大量便宜蔬菜就能製作，這種皮薄餡少的餃子，在戰後白米流通受限的日本，快速地掀起風潮，再加上味精的登場，降低了煮一碗麵的門檻。町中華，也就是掛紅暖簾的家常中華料理店，成了當時人們想要創業最簡單的選擇。

酥脆焦香的下酒菜

既然地位比較像是下酒時的零嘴，所以比起內餡飽足，更重視外皮的酥香與口感。不過令人意外的是，機器包的餃子，由於在包入餡料後，可以將底部確實壓平，與鐵鍋有更大的接觸面積，因此下鍋煎時，會散發更加濃郁的焦香，對於大量消費的餃子都市宇都宮或濱松來說，採用餃子機器人，除了節省人事費，其實還有美味的考量喔。不過講這麼多，旭軒是手工的（笑），四．六克的餡料，包裹在二．四克的薄皮裡，台灣的冷凍水餃平均一顆是十六至十七克，相較之下，就知道它有多麼嬌小。不論大小，在鐵板上擺上生餃子、加水、上蓋煎四分鐘、倒水入油、再煎兩分鐘，幾乎是餃子世界共通公式，也正是因為相同的SOP，造就了各種不同的外皮口感。

餃子の店

Asahi

眼睛巴望，等待師傅煎好的過程，手上當然不能閒著，一瓶同樣謳歌「旭日」的朝日啤酒，配上裝在面前大盆裡、已經炸好入味的小雞翅，若是酷暑造訪，馬上補鹽又補水分，一根接一根，甚至有鄉親開車來外帶，不過帶的不是餃子而是雞翅，一次就帶二十五根。「恰～」打開爐蓋，上百顆的煎餃像是通過閱兵台一樣，發出整齊的美味聲響，但其實也就只是五六人份量，對啊，這樣玲瓏小巧又涮嘴的餃子，點二十顆，是基本的吧？不吝惜倒入的新鮮沙拉油，將表皮的每一個凹凸，都煎成有意義的金黃稜角，好香好燙。

問到內餡是否有什麼堅持，老闆說：「蠻普通的欸，其實有很多方法能做得更好吃，但老客人就會來抱怨口味怎麼變了。」

也就因為普通，沒有大起大落，才這樣傳承了六十年，並成為好幾代福岡人的記憶。配上高麗菜絲、醋醬油及一點柚子胡椒，餃子果然怎麼吃就是不會膩，不好意思，再給我一盤好嗎？

博多雞皮大臣

博多とりかわ大臣

昭和43年
一九六八

所以順序上，應該要先吃烤雞皮串才對，好飽……。如同前述提到過的，在機場按壓指紋，跟拿起香烤螺旋雞皮串，只有不到三十分鐘的距離。車站KITTE的地下美食街裡，下午三四點不到，博多雞皮大臣外頭，就已經排了一條上班族的人龍（順道一提，如果在大臣本店排隊，人真的太多時，可以申請去分店吃，計程車錢店家會支付）。在別的縣市從沒看過的螺旋雞皮串，主要取脖子部分的雞皮，除了較軟好串外，脂肪清爽，醬汁也比較容易入味。由於雞皮像沙威瑪般層層交疊串上，小小一串其實就包含了大約二．五隻雞脖子的份量，串好後火烤，使風味定型，淋醬，再烤，再淋，再烤，重複次數就請逕自參考各家店的廣告文案。也因為製作程序繁複，雖然很想一次點十根、二十根，但像大臣這樣，每人上限八串的店，也是多有存在。

多年前在師大商圈買鹹酥雞，看到老闆娘挑雞皮的份量實在太少，忍不住說可以多放一兩塊嗎？得到的回答是「這雞皮都是從雞排扒下來的耶，沒辦法更多」，好像可以吐槽的答覆中，透露的是雞皮作為陪襯其他食材的配角存在感，事實上也真的常被隨便處理，炸得乾癟又無水分，還以為在吃多力多滋。那為何在博多，一串只賣九十九日圓又費工的雞皮串，會成為店家的主角？

其實得回溯到一九六八年，「燒鳥權兵衛」（焼きとり権兵衛）的創業者古賀貞己先生為了讓討厭雞皮的女兒，在自家店用餐時也能開心地全部吃完，苦思出來的對策。藉由反覆燒烤，將帶有特殊氣味的油脂逼出，同時保持、甚至更加強雞皮的彈力口感，但最重要的，更是展現了為了女兒願意花費這麼多工夫的心思。充滿父愛的手路料理，馬上在博多饕客間傳開，如今，每天人聲鼎沸、預約困難的店，如「雞皮串粹恭」（とりかわ粋恭）、「雞皮屋」（かわ屋）或是「森巴」（サンバ），菜單各有強項，但不變的是吧檯上一定擺著成山的螺旋雞皮串，繼承燒鳥權兵衛的ＤＮＡ。這些曾經不起眼的雞皮串，在博多的飲酒場景裡，已不再只是配角。

阿清食堂

おきよ食堂

昭和22年
一九四七

最後，在前往長濱地區吃屋台拉麵前，我走進了鄰近的「福岡鮮魚市場會館」。與行政單位共構，所以各種層面來說都是當地居民的生活中心，白天登上頂樓，意外地是個能堪比海鷹飯店窗景的免費展望台，而在一樓飲食街，有間讓你感覺時空錯置的老舖「阿清食堂」（おきよ食堂），開設於西元一九四七年，七十年以上，都以提供平價美味、來自玄界灘的福岡鮮魚而自豪。

早上六點就開門，為的是餵飽在批發市場剛忙完的魚商、漁工們，醬煮魚雜是這些達人們的愛；而看準其高性價比，以及豐富的選擇，十五分鐘路程外的上班族，則在中午時段前仆後繼趕來，五十席座位幾乎全滿，忙碌到可愛的看板娘店員都失去笑容，將電子鍋擺在外頭，續飯請自便。不過飯已經吃不下了，今天最主要是為了終極平民酒肴而來——胡麻鯖魚（ゴマサバ）。

おきよ
☎711-6303

鯖魚不用說，就從身後的長濱鮮魚市場直送，雖然說來到了九州，不免也想吃吃高級魚種「關鯖魚[15]」（関さば），但用在胡麻鯖魚裡，或許稍嫌糟蹋其鮮美肉質。使用已經足夠好的真鯖，仔細挑掉小刺，拌上九州風格的甜醬油，以及生薑泥一同享用，單價低廉，卻在口中展開一場華麗的味覺高峰會，也正因為料理方式簡單，更能凸顯魚料本身的高水準。

預備展翅飛向世界的福岡

在巴黎拿下米其林一星的吉武廣樹（吉武広樹）主廚，返回日本之後選擇開業的場所，不是在繁華的天神，卻是在博多港的碼頭乘船處的二樓。看見臨海的建物日漸老朽，長濱屋台更是瀕臨絕種的現狀，「再一次傍海而生」或許是生長於福岡的吉武主廚，想要透過「Restaurant Sola」的料理以及用餐空間，傳遞的強烈訊息吧。畢竟在地球隊軟體銀行鷹的隊歌〈いざゆけ若鷹軍団〉第一句就是這麼唱的：「在玄界灘吹拂的海風中，鍛鍊出的勇猛羽翼，將像疾風一般颯爽地拍擊，朝榮光的前景飛去。」

注15
日本的知名鯖魚之一。

為了走向國際舞台，福岡市除了期待天神大爆發所帶來的邊際效應，在臨海區域這些宛如海浪刻蝕出來的紋理，要如何被珍惜、傳承，也是今後城市飛向榮光之路上，不能忽視的課題啊。

Hiroshima 廣島

一九四五年，一顆原子彈讓廣島一瞬間化為創痍之地。戰後人們回到家園，兒時的一錢洋食成為心靈慰藉，因物資缺乏，麵糊以外的配料只能「有什麼加什麼」，成為廣島燒的原型。也有人繼承祖父的夢想，憑藉著單一種生啤酒就帶給廣島人莫大的歡樂笑容。

重富酒店

ビールスタンド 重富

昭和8年
一九三三

拉開玻璃門，三張小桌子，八名酒客，一座原木的吧檯，兩基啤酒噴嘴，以及一位身著全白西裝、打著蝴蝶結，凜然而立的半百大叔，全部收納在一坪不到的視野裡。「哎呀呀這啤酒泡怎麼全滿出來了！」即便眾客人驚呼，這位大叔也絲毫不為所動，用鋼片劃整泡沫表面、將杯子浸入備好的清水中、拭淨後，優雅地端上桌。半信半疑地接過酒杯，一口咕嚕咕嚕飲下，一樣是驚呼，只是對話框內的文字，換成了「我從沒有想過會這麼喜歡生啤酒。」

到了廣島，如果想要覓食，那麼以三越百貨為中心出發準沒錯。往南走沒多久，接連會遇到幾間酒精飲料批發商，他們是密集分布於京橋川畔的鐵板燒店與居酒屋的強力後援，也因此，不太有空做散客生意。然而，到了下午四點多，人們會慢慢聚集在一家酒商的門口排起隊，有人手上是文庫本，有人則拿著資料夾在翻閱，這裡是銀山町的「重富酒店」，每天有兩小時的時間，會化身為城裡最好的啤酒吧，要想入場，請先抽張號碼牌囉。

重富酒店只提供一種啤酒，可是，有五種倒法可供選擇。根據兩支啤酒噴嘴噴出的不同比例，譬如A噴嘴的金黃液加上B噴嘴的啤酒泡，或者是A噴嘴的原液，把滿出來的泡沫刮掉之後再補充A噴嘴等等繁雜手法，看得眾人一愣一愣。而虐心的是，為了避免爛醉，以及讓更多人能夠進來享用，一人只能點兩杯。為了收集到五種啤酒，只能連續來好幾天，全部喝完一輪。

不想給予讀者先入為主的評論，所以不敘述個別口感（那幹嘛喝一輪），只提醒「一度つぎ」味道格外強烈，但這絕對是一個前所未有的味覺經驗。被視為理所當然般存在的啤酒，原來能夠被如此解構，並隨著溫度與時間變化，感受其帶給味蕾不同強弱的電氣訊號，神泡、後勁、爽口、餘韻……所有廣告用語都在此得到了闡明。而最驚奇的是啤酒本身，其實，只是再普通不過的市售朝日生啤酒。

株式会社
重富酒店

DRY-DOCK

隔代傳承了七十年的夢想

西元一九三三年，廣島市區斟出第一杯朝日生啤，販賣給一般大眾的人，正是眼前這位白西裝大叔重富寬先生的祖父。他在大阪初識生啤的美好，而後親赴啤酒工廠，向德國的技師們學習如何提供美味生啤酒的技術，回到家鄉，打造第一代噴嘴，並開啟了賣酒的生意。滑順的泡沫以及爽快的後勁，對廣島人來說，是再新鮮不過的西方文化體驗，酒店經營馬上就上了軌道。

但是，一九四五年八月六日的上午，無情的蕈狀雲，讓歡樂喝酒的場域，轉瞬化作為烈焰裡燃燒不止的創痍之地。重富祖父戰後回到家園，一邊等待心頭的傷口結痂，一邊試圖在滿地灰燼中，找回昔日熱鬧情景的破片。然後，就沒有然後了……那個利用酒店一角，堆起幾個木箱的大人暢飲空間，遲遲沒有回來。

直到孫子重富寬先生，參加三得利的一場啤酒講座，如雷灌頂，原來喜愛啤酒這件事，早就被轉譯在他的遺傳因子上，自此開啟寬桑的啤酒修行，參加全國各大小廠商的講座、到銀座最古老的啤酒吧「Lion」（ライオン七丁目店）實習，學習如何洗杯子，以及維護啤酒的穩定品質，最重要的，是找出祖父時代的啤酒噴嘴設計圖，其流速是現行機種的四倍，難以駕馭，且做不出細緻的泡沫。然而，重富先生認為，如果不能抬頭挺胸接受這個挑戰，再現當年風味，又要如何承繼祖父未竟的夢想呢？歷經幾個寒暑的鑽研，總算在二〇一二年，自信地迎接重富酒店的再度開幕。

用啤酒帶給廣島人笑容

近年來由於各種因素，日本人的啤酒消費量逐年下滑，特別是年輕人，到了居酒屋，已經不再「總之先來一杯啤酒」，而被勁涼的檸檬沙瓦類所取代。不過乘著手工啤酒的浪潮，以及巧妙運用兩支噴嘴調配出的特殊口感，重富啤酒吧迅速受到媒體矚目，到了假日，絕對要有帶著書來等候的覺悟。店內最多能夠容納十二人，一桌一桌雖然都是陌生人的集合，但或許是一杯好啤酒下肚，心涼脾肚開，馬上就能熱絡地聊開，並趁機問了在地人才去的店、廣島人必吃的

食物等等。只是話才講到一半，同桌的大姐就急忙收拾跑了出去，眾人往外看，才發現她的先生和小孩，一直都在外頭停車場的車上等！有願意體諒的家人，還喝了兩杯美味啤酒，大姐今天很幸福呢。

問寬桑為何一天只開兩小時，他說，其實要倒一杯好喝的啤酒，事前準備就決定了八十分，而其中洗、擦杯子更是占了五十分，三十分是設備的管理。所以每天打烊後，得花至少四五個小時，來確保明天也能夠像杯墊上畫的標誌那樣，挺直腰桿，端出讓人驚呼的啤酒。

除了店內業務，寬桑也會不定期舉辦「生啤酒大學」開班授課，其對象不是一般顧客，而是廣島市區的餐飲業者，傾囊相授能夠倒出最好啤酒的技巧。當然，重富本來就是酒商，餐廳提供好啤酒，客人消費多，自然訂單就多，追求雙贏天經地義，但寬桑從沒有忘記的是，「用啤酒帶給廣島人笑容」，這一個在他們家族，傳承了七十年的夢想。今晚，在那外頭堆滿酒樽的小空間裡，依舊是笑聲與驚嘆聲不斷吧。

Mi-chan 好味燒本店

みっちゃん總本店

昭和25年
一九五〇

一九四五年夏日，一瞬的飛光、放射線灼出的人影，以及無情的烈焰，依舊清晰地與眼前傾頹的磚瓦疊合。只是，曾經被定論「七十五年內大概長不出草木」的廣島，在七十五年後的今天，加長的現代化路面電車，身著赤紅球衣的男女老幼，忙碌穿梭於背後開展而去的市街地，在這個曾經絕望的灰燼中，早已長出欣欣向榮的林鬱。

在戰爭發生之前的廣島，除了重富酒店的創業者，正努力鑽研如何將生啤推銷給人們，一項來自東京的食物，席捲了外食小攤的版圖。誕生於明治時期的文字燒，與如今在東京月島吃的糜狀物（失禮！），概念其實完全不同，當時只是用麵糊在鐵板上勾出輪廓，並烤製成各種文字或造型的小孩零嘴。但是充滿香氣的現烤麵衣，在淋上等同於時髦代名詞的烏斯特醬汁（ソース）[16]之後，連

注16
Worcester sauce，是關西食物的靈魂。

カープ
ぜったい
かて
YMFG もみじ銀行
MASUOKA
Carp

大人看了都不免動心。於是商人腦筋動得快，在廣島掛出「一錢洋食」的招牌擺攤，不做繁複的造型，鐵板上倒一勺麵糊、劃出約十二公分直徑的圓、撒上綠蔥、再斟滴些麵糊固定蔥花、翻面、對折，最後蘸上烏斯特醬汁，用報紙外帶回家。也許吃不起上野煉瓦亭的燉牛肉或蛋包飯，但咬下一錢洋食，口感紮實，醬汁濃郁度也沒輸到哪去，在那樣的時代，已足夠人們神馳九霄，腦補自己使用刀叉切著噴香的蛋包，如果還能喝一杯重富酒店的生啤，真的是夫復何求。

請不要再稱呼「廣島燒」

想像力的疆土，在一九四五年，暫時歸零。只是當避難的人們回到廣島，整理家園時，腦中第一個想起的，竟也就是那塗著粘稠醬汁的一錢洋食，與其說是懷念它的風味，不如說是懷念能夠邊吃邊自由想像的年代。在戰後物資缺乏的背景下，只需要麵粉與水就能做的一錢洋食，確實是最適合再出發的維生道具。沒有青蔥，那就加便宜的高麗菜；沒有高麗菜，那就加更便宜的豆芽菜。不再是小孩點心的一錢洋食，更重要的任務是：填飽人們的肚子。

排了一小時多才終於進入店裡，這間店也是從焦土上的黑市起家，創業於戰後，並在昭和三十年，率先在底層加入炒麵，不但進一步墊高了飽腹度，也確立了如今廣島好味燒的原型。

雖然以前最愛看的《料理東西軍》對抗賽，莫過於大阪燒對上廣島燒，然而，在廣島 live house 的藝人休息室裡，會貼著「串場跟觀眾講話時，請不要使用『廣島燒』這個稱呼喔，氣氛會尷尬」的警告紙張，因為，那完全是來自東京人視角的用語，對廣島人來說，眼前這個加了炒麵的煎餅，就是自己的「好味燒」（お好み焼），是戰後餵飽許許多多人的靈魂食物。

除了對當地文化的尊重，追溯「好味燒」名稱的由來，原本就表示著「個人偏好」。可以加牛筋、加麻糬、加炒麵、加一堆蔥，各自表述，五花八門；若冠上地名，就等於是大大限縮了這項食物的可能性。最早的好味燒，可是連壽司、豬排、炸蝦，都出現過在配料菜單上呢。

新天地 Mi-chan 好味燒

新天地みっちゃん

昭和25年
一九五〇

講了半天，終於要來吃好味燒，連續兩天在重富點了兩杯啤酒，也連續兩天，喝完酒後跑來吃「Mi-chan 好味燒」，只是一天吃的是創業者家族經營的本店，另一天則是新天地店。兩家店的網站我都看了，各自都說是發祥店，這畢竟不是好味燒的專門書，就把它們想像成是太陽餅同業那樣的關係吧，只是味道上，就有戲劇性的差異了。

廣島自古就有製鐵的傳統，除了發展為軍事工業的基地，也讓戰後的廣島市場，充滿了靠一塊塊鐵板起家的攤商。如今光是廣島市內，就有高達七百家以上的好味燒、鐵板燒居酒屋，在激烈的競爭下，自然培育出像「八昌」、「中華」（中ちゃん）這樣以鐵板燒見長的店家。前者有耐心，至少還排得進去；後者開店同時預約客就全數坐滿，等輪到我進場時，招牌的嫩煎海膽佐水芹，便已售罄。

來廣島吃好味燒，「鐵板」絕對享受美食重要的一環，然而，本店為了翻桌效率，客席並沒有設置鐵板，而是將煎好的好味燒盛在盤裡上桌。看到這一幕，百年之戀也會冷卻。

執著鐵板，當然不只是為了文化因素，而是有鐵板的持續加熱，才能讓一塊不算小的好味燒，充滿各種不同的口感變化，初始軟嫩，原味即可；隨著鐵板加溫，牛筋、蔬菜的甜味持續釋放，麵條與煎餅也開始生成薄脆焦緣，此時再投入微帶辛香的特製醬汁，多麼精彩的三十分鐘默劇《我與好味燒》，才能在腦中好評上演。這也是我隔天選擇造訪新天地店的原因。

在用餐時，隔著一塊不斷冒著油煙與水汽的鐵板，內場操鏟的廚師們仍然眼明手快，水沒了、酒乾了、醬不夠，隨侍在側，優異的硬體與軟體，提供更勝於本店的好味燒體驗，也更能深感，同一塊好味燒，即使相隔七十年，即使料變豐富，但一樣帶給了人們無比幸福的滋味。

元祖広島風お好み焼
新天地

豆腐
380

Kobe
神戶

讓章魚燒、好味燒聞名四方的一大功臣，就是兵庫生產的醬汁，就連中午剩飯加入醬汁都能重生為地方庶民美食：炒麵飯。這些店家雖不大，卻提供了小孩放學後的零嘴、工人下班後飽腹的滿足，以及阪神大地震重建所需的凝聚……黏稠的醬汁化進食物，把人與土地也緊緊地黏了起來。

第一旭
神戸ラーメン
12時
第一旭
神戸ラーメン
250

青森

お好み焼 青森

比起關西圈一票各具特色的私鐵公司，JR西日本，可說是相對收費貴又無趣，不過主要連結姫路到敦賀的新快速電車，由於停靠站少，三之宮（三ノ宮）到京都只需約五十二分鐘，是通勤時重要的交通方式，也大大地縮短了城市間的距離感。然而，如此便捷的交通方式，卻還不足以拉近關西各地醬料文化的差異，神戶、大阪、京都三地，即便在交流頻繁的今日，好味燒的做法仍然各自表述，互不干涉，祖傳的祕方繼續在原本的醬缸裡，流傳下去。

在日本租屋，特別重視房屋建造的年份，以一九九五年為界線，價格出現明顯的落差，為什麼呢？因為一九九五年一月十七日，發生了芮氏規模七．三的阪神大地震，使得人們重新檢視房屋的耐震強度，並且修改建築法規。

「全毀一萬五千五百二十一件，半毀八千兩百八十二件，全燒四千七百五十九件」很遺憾，這並不是整場地震造成的傷害，而是單一個神戶長田區的統計數字，光從數字就能得知，這是場毀滅性的災難。如今神戶市政府的網站，依舊保留有當時的影像紀錄，不忍卒睹。同年，Mr. Children 將第九張單曲〈シーソーゲーム~勇敢な恋の歌~〉所有的版稅，都捐給了災後重建基金，雖然歌詞與震災復興的關聯不強，但一百八十一萬張的銷量，以及充滿元氣的旋律，確實是在當時為重建注入一股活水。

列車尚未進「新長田」站停妥，便已經在沿線看到好幾家在地醬料公司的廣告，「薔薇牌」、「奧利偉」、「兄弟」，只有他們有足夠財力在車站前跟柏青哥店爭奪版面。走往目標店家的路上，猛一抬頭才意識到，頂上就是當年斷裂的阪神高速公路，如今當然修得又挺又直，並且，作為災後復興計畫一環，許多住宅大廈圍繞著偌高的市政府大廳而建，而原有的複數條商店街，交織於其腳邊，創業於一九五七年的「青森」，也正位在其中一角。

お好み焼
青森
交誠会
お好み焼
青森

來得稍早，紺藍色的暖簾還披在腳踏車上曬太陽，隨便先在附近逛了一圈，原來另一家名店「雪」（ゆき），以及阪神虎球迷熟知的虎風莊（單身球員宿舍）的食堂主廚獨立後經營的「鶴屋本店」都在這裡，入夜後，想必熱鬧無比。逛回來，剛好開門，我第一個入座，彷彿鑽入茶室一樣，與師傅一對一，突然緊張起來。幸好這樣的時間沒持續太久，看來肯定是常客的阿伯，「嘿午安啊」地從容走入，自己打開冰箱，拿出中瓶啤酒，「啵！」地一聲，用冰箱手把熟練開瓶後，坐在ㄇ字吧檯的直角。好店的預感。

炒麵飯——吃剩的午飯便當加料後成為下班小確幸

店名叫「青森」，並不是店主來自青森，只單純因為他姓青森（笑），如今掌鑊的是第三代，媽媽則在一旁備料、接單。雖然地震的緣故，附近的房屋面貌改換一新，但是從產業結構，以及巷弄的數量，似乎還是能夠一窺長田區曾經是個韓國人眾多，工廠也多的下町區域。很多人常誤解，關西人一定在家都常做章魚燒跟好味燒吧，可是實際上，除了開章魚燒派對外，從幾十年前，好味燒就是一種在社區小店裡吃的食物，小朋友放學肚子餓，就先去好味燒店蹭飯，帳賒給老爸晚上喝酒時再來結清。所以，它並不只有提供食物的功能，更是個聯繫鄰里感情的安親班兼活動中心。瞭解這個背景後，對於青森開門一下子就坐滿中老年人，並接了好幾張外帶訂單，就不會感到意外。

也因著這個背景，青森有了他們今天的招牌料理：炒麵飯。附近工廠的工人，中午便當白飯沒吃完直接帶回家大概會被唸，索性帶去青森，問說「可以順便炒一下嗎？」高溫鐵板快炒，再加上特製的薔薇牌醬汁，豈有不好吃的道理。眾人有樣學樣，後來甚至為了增加飽足感，加入麵條，將其用快鏟鏘鏘鏘地剁碎至像米狀義大利麵（risoni）那般後，再一併炒到鬆軟分明，地方庶民料理「炒麵飯」，就此誕生。

神戶的醬汁，比起其他地方，顯得格外黏稠，甚至還被註冊成「濁醬」（どろソース）商標，但也多虧這種稠度，可以百分之百黏著在所有米麵細粒的表面，如果再炒出一些鍋巴，更是一絕。隔壁上班族大叔剛領年終，享受加點牡蠣的

小確幸，圍上紙圍巾，把炒麵飯整理成一個細長梭型，分成十二等分，以確保待會每一個炒麵飯入口瞬間都是同等幸福。儀式般的動作，讓我想到知名清酒品牌的由來：獺祭（水獺將獵到的魚排排放在岸邊的模樣）。

「這兩個醬有什麼不同？」我問。

「一個是甘口，一個是辛口。」師傅說。

「不要騙，這一定是同一罐倒出來的啦！」啤酒阿伯辛辣地從旁吐槽，卻精確地點到好味燒的本質，超過二十間以上的醬汁工廠，在濃郁的本體之下，其產品差異有誰真能分辨出來？各家商店購買業務用醬汁回來，多少會自己再添些蔬菜高湯、香料等增添風味，雖然一樣不容易吃出差別，可是作為顧客，就是對這種「獨門調配」、「祕傳」沒有抵抗力，縱使五感偵測不出，但心裡，能夠像炒麵飯一樣，百分之百感受到店家認真對待食物的心意。

燒肉門

焼肉料理 門

平成4年
一九九二

大阪的西班牙餐廳「ALARDE」的山本主廚曾說過，「在日本，要做血腸不容易，但幸好我住在關西」。解釋這個得花一些篇幅，暫且先記得「有韓國人的地方＝有豐富的肉類製品可供購買」這個觀念，而長田區，正好是充滿韓國人和肉的地區。連鎖肉店「マルヨネ」不只有整條高級神戶牛，還有各樣內臟、超值的熟肉、烤雞，以及現炸的可樂餅，其貨色齊全程度，絕對超過百貨地下街。

可惜創業超過七十年的「平壌冷麵屋」（平壌冷麺屋）沒開，只好轉戰同一條小路上的「燒肉門」（焼肉料理 門）。才剛在榻榻米上坐定，「尾巴嗎？」（しっぽですか？）「蛤？」原來韓國阿珠姨問的是，你是要喝牛尾湯嗎？看了一下其他桌客人，面前全都是蒸氣騰騰的牛尾湯，吃完稍帶油分的炒麵飯，的確是適合來碗清湯緩胃。湯中打入大量的蛋花，卻無法遮蓋其直入深髓的鮮甜滋

神戸信用金庫

味，明明飽覺中樞在上一間就該啟動，依舊唏哩呼嚕地喝得精光。一吃下精燉的牛尾，在場的客人，應該都意識到這家店進的是優質牛肉，紛紛再加點銅盤烤肉。習慣飯後要喝湯的朋友，吃完青森，不妨就走到斜對角來吧。

長田區除了有許多韓裔朋友居住，它也是日版三國志漫畫作者橫山光輝老師的故鄉，因此有超市在門口裝滿蘿蔔洋蔥馬鈴薯的木箱旁立一尊孔明像，也有商店街裡各家店主選擇一名武將 cosplay 做成海報貼在門口等等光怪陸離的景象。不過即使不用這些手段炒話題，如今的長田區也早已生氣勃勃，居住人口甚至超越災前，背著書包的小屁孩用快撞上路人的猛勁從身旁奔馳而去，長長的人龍站在琳瑯滿目的肉品冷藏櫃前，扣除搬進商場型建築內的大正筋商店街經營失敗，其餘網狀縱橫的大小商店街，已經讓人想像不出這裡曾經歷過的黑暗。

象徵災後復興的巨大兵器「鐵人二十八號」，挺立於站前商場，為了建造這尊高十五公尺、重一百噸的巨作，腳底下埋了近三米的樁，不只穩固地支撐帥氣的鐵人姿勢，也象徵恢復家園榮景的堅定決心。

Kyoto 京都

要提筆寫「京都的居酒屋」需要很大的勇氣，但光是走進幾家昏黃燈光的居酒屋，就彷彿能看見京都的文化像潺流不息的鴨川河水，不斷地從源頭湧流，也不斷地打進新鮮空氣，造就出的多樣面貌，在以京都為名的容器裡，終將成為未來的傳統，發酵為一盅佳釀。

SAKIZO

祇園安川

菜処 やすかわ

昭和61年
一九八六

甫進門最顯眼的商品架，疊放著一本本空白收據與帳冊，冰櫃裡擺著成堆的兩公斤裝衛生冰塊，而身著黑色宴會背心的男女匆忙進出補貨，不只是配合法規除去了企業色的外觀，在京都祇園花巷裡的超商，顯露了這塊區域的與眾不同。

早些年來祇園，可能會更有機會體驗到井上章一的暢銷著作《討厭京都》（京都ぎらい）所刻畫的那種文化洗禮，天龍人祇園居民甚至不願承認西院、嵐山、山科這些地方一起被稱作京都，也不歡迎沒有熟客帶路的外來客。但在如今的四條通路上，各種擁有不同虹彩的人群自在地闊步，東京或甚至國外商店也爭相在此展開勢力範圍。新舊價值的平衡或許是個難解的課題，不過在高掛寫著「おでん」燈籠的「祇園安川」（菜処やすかわ）裡，先不需要想這麼多，即便初訪，依舊被安排在吧檯中心的搖滾區，與一群熟客並肩而坐，比什麼都開心啊。有點擠就是了。

由藝妓的起居空間兼待機場所的「置屋」[17]改裝而成，三十多年前開業至今，店主安川裕貴子女士每天一點一點地，為店內目光焦點的關東煮爐增添新的高湯，而為身體帶來美味訊號的麩氨酸，日漸在鍋內累積其濃度，任誰看了那帶上淺飴色的京風蘿蔔，都會按捺不住，想趕快先來一份再說，不過，考慮到吃下去就飽一半的風險，還是先從配酒小點開始吧。

自認有選擇困難的朋友，可以點包含十種料理的 omakase（お任せコース）[18]，雖然老實說，稱不上特別划算，價格跟單點差不多，但在店內座無虛席、內外場兵荒馬亂的晚餐時間，說出「請給 omakase」時，安川阿姨的眼睛整個都亮起來，彷彿愉悅地說：真是懂事體貼的孩子啊。

擠擠地坐在我左手邊的，是身著高級訂製洋服，挑染白髮的優雅太太，當她因為想抽根菸而準備提前離席回家時，連深處包廂內的其他客人都跑出來畢恭畢

注 17
舞妓生活的地方，類似今日藝人的經紀公司。不僅負責舞妓的生活起居、協調表演場次的安排，也負擔所有的治裝費、技藝的學費、餐費等日常開銷，因此在成為能獨當一面的藝妓之前，舞妓沒有薪水可以領取。

注 18
「全部交給主廚決定」之意。

やすかわ
おでん
おまかせコース四〇〇〇より
お造り 八〇〇より
焼き魚 七〇〇より
湯葉くずす煮 七〇〇
こいもあんかけ 七〇〇
だし巻 八〇〇
おでん色々 一ヶ二〇〇
季節のお総菜 五〇〇
ごはん色々 八〇〇
その他 一品 五〇〇
菜処
やすかわ

長澤
里美

敬地送客，再三囑咐她不要摔倒了啊，究竟是怎樣的大人物呢？光思考這個問題，就能跟著金平鹹甜牛蒡絲，喝掉一杯啤酒潤喉。右手邊則是帶剛成年孫女來吃飯的熟客太太。

吧檯空間有限，主要由安川阿姨把守，廚師與打工的爽朗青年不斷在廚房與吧檯間穿梭。一九一五年的古籍《東京苦學成功法》，告訴當時的窮書生們，雖然不能像賣藥賺九倍、賣和服賺五倍，但是賣關東煮的話，可以賺一倍，而且無經驗可，又不用像拉麵攤準備好幾個爐火，推薦晚上賣關東煮賺取學費。但是看看眼前的忙碌身影，要想靠賣關東煮賺錢，恐怕學業是要荒廢了。

祇園的變與不變

擁有悠久歷史，跟京阪電車祇園四條站直結的松竹劇場「南座」，於二〇一八年年末整修完成，氣派的面貌，顧不得擋住行人的動線也想多看幾眼。在其紀念新開場的公演海報上，赫然發現了虛擬歌手「初音未來」（初音ミク）的名字，

上半場扮演出雲的阿國（傳說中的歌舞妓發源者，其石像就在南座斜對面），下半場則以初音美玖姬的身份，演出改編的〈千本櫻〉（是的，就是太鼓達人玩家一定知道的那首激難曲）。對於京都懷抱保守印象的朋友，對這樣的戲碼肯定會產生一股難以言喻的衝突感，然而，試著想像歌舞妓的扮相、形式與強烈的節拍，幾百年前在同樣的南座舞台上演時，肯定也像這樣震懾了不少人的心神吧。「我們所見的傳統，也曾是別人的新潮」。

承接相同的脈絡，藝妓，其實也曾被當地的人士，包括老舗料亭「嵐山吉兆」的會長德岡孝二先生，稱作為特別願意嘗試新事物，且具有獨特品味的一群人，有什麼新菜色、新食材，總是想找她們先來試試，徵詢意見，甚至當年奇異果要進軍日本，京都水果商也是得到藝妓們首肯後，才放心地批貨進來。

不過沒想到，跟著奇異果一起上岸的，還有西方的流行樂與搖滾偶像，他們迅速帶走眾人目光，也帶走人們對藝妓的興趣，來學藝的年輕女孩少了，再加上後來經濟泡沫化，公司對於應酬費有所限縮，如今，京都的藝妓從全盛期的近兩千人，減少到僅剩下兩百五十人。這也是為何，祇園安川在三十年前，會將藝妓的置屋改裝成關東煮店的原因。

右手邊跟外婆來的女孩初次喝酒，已經醉倒在清酒「吳春」（吳春）的尾韻中，而我們則是醉心在挖灑滿京都名物山椒吻仔魚的白飯上。知道店家的由來，雖然感慨，但卻不那麼感傷，因為自古以來人多貨多的祇園，面對改變，大概就跟煮一鍋好吃的白飯一樣平常吧！

流過四條大橋下，看似悠長的鴨川流水，細看段差、湍流、漩渦，一個都沒有少，每個嶄新的嘗試，在京都為名的容器裡，終將成為未來的傳統，發酵為一盅佳釀。

山本曼波

山本まんぼ

昭和25年
一九五〇

「嘿，我們下次去三條大橋底下捕香魚來吃吧？」

聽來像酒後狂言，卻參考「嵐山吉兆」會長德岡孝二的著作《最後的料理人》（最後の料理人），裡頭描述的不只是一趟追尋極致食材的旅程，還有無論人文或自然等京都俯拾即是的驕傲。京都的〇〇，不管填進什麼，確實都能成為書名，喫茶、咖啡、王將、麵包、公車……，但要提筆寫一整本「京都的居酒屋」，終究需要很大的勇氣，除非能像毒舌食評柏井壽或是京都市立藝術大學教授鷲田清一這樣充滿閱歷又長期居住在市內，不然肯定很難整理出令人滿意的脈絡。

我很喜歡鷲田教授的著作《京都的平熱》（京都の平熱——哲学者の都市案内）介紹京都車站附近的那章，第一旭跟新福菜館不免還是要講，但他選擇將更多的篇幅留給了隔一條馬路，與這兩家排隊名店對望的好味燒「山本曼波」（山本まんぼ）。五種顏色畫在遮陽帆布上的漫畫體字樣，老實說是食慾全無的設計，座落在夕陽團地住宅一樓的六十年老店，旁邊是投幣洗衣店，一邊想著萬一襯衫被醬汁弄髒了，可以拿來洗，一邊拉開門，馬上就是第二代店主的熱情招呼。

熱氣騰騰的鐵板，煎的不是熟悉風格的厚實好味燒，而是薄約數釐米的麵餅，加上質樸的紅薑、柴魚、天婦羅花與少量豬油、蔥花，在《京都的平熱》中譯本裡寫著「京都大阪燒」，欸，這京都人肯定生氣吧，別把我們名字混在一起！

京都代表的薄餅燒（べタ焼），傳承了一錢洋食的風格與脈絡，不甜不膩，外貌風雅而醬汁辛辣，是為了要搭配伏見柔和的清酒，「再來一片加炒麵的好嗎？」隨便一家看似不起眼的店，也是個驚奇。

商い中
味自慢
お好み焼
山本

寺山酒處

酒処てらやま

令和元年
二〇一九

現在的京都就是如此多樣化，自從一百多年前決定從鄰縣琵琶湖引水，拯救都市未來命運之後，京都人的包容性也有了不少改變，譬如老舖懷石「菊乃井本店」主人村田吉弘的一番話很令人感動，大意是這樣：「每年都有許多高中生來京都畢業旅行，其中有些人很想來吃一次京料理，但又怕門檻高價位無法負荷，所以中午時段我們提供松花堂便當。本來在外頭嘰哩呱啦的年輕人，一走進我們的空間，不用提醒腳步就自然放輕，然後靜靜地，眼前的美食也好、卷軸、插花、庭園，享受著這所謂日本文化的美好。看到這幅景象，我就覺得要繼續做低單價的便當，然後把大門打開。」

有老店做精神改造的領頭羊，現在京都的懷石料亭與割烹也不再像以前一樣，非要認識的人介紹帶路，只要打通電話，然後穿著得體，不要遲到，就能向京都的飲食文化深髓前進一步。

但是，有些店，你真的以為打得進去嗎？人稱佐佐木劇場的「祇園SASAKI」（祇園さゝ木），因其充滿活力的現場烹調與突破固有想像的料理風格而得名，試著在開放預約的那天撥號，總共撥了三百五十通，都在忙線中……。撥了一天我選擇放棄，反正主廚佐佐木浩的徒弟們，早就已經在京都的大小巷弄裡開花結果。例如十年前，我第一次鼓起勇氣踏進的板前割烹「西川」（にしかわ）（緊張得連筷子都掉地上），或是現在京都最有名的居酒屋「小川食堂」（食堂おがわ）等等，應該還是能從他們身上，萃取一點佐佐木的DNA。

京都飲食文化的傳承命脈

「不好意思，半年內都沒有位子了喔。」

好不容易撥進小川食堂，卻得到這個答案。這也是合理，店主小川真太郎在人

氣雜誌有專欄，而且大眾居酒屋般的氣氛與價格，配上料亭級的手腕，對食客來說，吸引力太致命了。沒關係，徒弟不行，我們還有徒孫。

從藤井大丸旁，往細巷中的細巷鑽，沒有堅定意志，你是找不到這家「寺山酒處」（酒処てらやま）的，其店主寺山主一先生正是在小川食堂修業，而後與同為廣島人的妻子繪里佳在此獨立開店。狹巷另一側的「酒肴Uri」（お酒と食事うり）其實也是於京都名店「燉物的鈴屋」（にこみ鈴や）修業後獨立，兩位繼承偉大料理脈絡的年輕世代，在此上演良性競爭的每一天。

深沉色澤的L型吧檯，配置於挑高家屋的中心，拉開藤編座椅，寺山劇場也準備上演。而最初讓人發出驚嘆聲的是酒飲。穿著如酒侍的繪里佳，優雅地調製好檸檬沙瓦後，用調勺在手背上輕點，試了一下味道。成本不到十%的檸檬沙瓦，一直是店家灌水回本的好品項，卻在京都這裡，第一次看見了宛如單品咖啡般被細心對待的檸檬沙瓦。京都店家的格調，盡顯於手中這杯冰涼飲中。

起初看到沒有標價的菜單，稍微有些心驚，聊了才知道，是為了要針對每個人的食量，做微妙地調整，這是份從小川那邊學到的體貼。不過對我而言，招牌的炭烤白子（京都店家喜稱雲子）、高湯燉蕪菁（料亭級功夫菜）、炸鬱金香腿翅，還有炸和牛三明治，份量通通不需要調整，都上來吧！

二樓也有腳能夠伸直放鬆的榻榻米席，是個令內場忙碌得停不下腳步的客席數，雖然寺山夫婦無法從容地與客人有說有笑，一邊殺魚還得一邊夾著話筒回絕「不好意思晚上沒位子了喔……」，但是跟著廣島地酒一同端上的每一道菜餚，滿滿負載了希望大家吃得開心的誠意，從高湯浸菜的恬淡，到間人蟹膏的濃郁，演盡酸甜苦辣的寺山劇場，值得與重要的人一來再來。

神馬

神馬

昭和9年
一九三四

寺山雖棒，可是「京都最棒的居酒屋」頭銜，還是得頒給「神馬」。我想寺山先生大概也會同意這個評價。

一九三四年創業的神馬，真真切切地背負起京都人的驕傲，提供最上等的酒肴，來的時候別忘了控制預算，因為，實在很難忍住不繼續點、繼續吃喝。

身為京都現存最古老的居酒屋，雖然地處交通小小不便的千本通，不過下了公車，看見酒藏造型建物的白壁上，「銘酒神馬」的鏝造字樣、深茶色的「酒仙境」橫匾，以及一盞紅提燈，心情還是不免躍動起來。

佇立在太秦映画村、西陣以及上七軒，這些京都不同文化的交匯處，時代劇的

銘酒
神馬

季節料理
神馬
神馬
美味しい食事付
TEL (075) 461-4322

豪、職人藝的粹，與花街的豔，各種族群的人們，在鑽過繩暖簾後，交換彼此的涵養與歷練，宛如店裡提供的日本酒一樣，不拘泥於單一銘柄，七種灘酒依比例調和，呈現出圓滑、飽滿，但又不失一絲尾韻的成熟風味。

說回店名，不管是在貴船神社，或是上賀茂神社，神馬一直被視為帶有靈性的祈願寄託，可是坐在居酒屋這銘木吧檯前。最具有靈性的，應該是招牌的京都名物醋漬鯖魚（鯖きずし）吧！先前在「蛸八」嚐過，驚為天人，但神馬的米醋調配比例更為精湛，初感幽微的旨味，在魚皮表面預留的切痕中迸發開來，發酵過的肉質細嫩，而油脂綿滑，吃著吃著不由得數起還剩幾片，滿懷不捨。

承襲與創新間最精緻的平衡

神馬的料理，並非一直站在頂點，先主二代目酒谷芳男曾因身體狀況，而無法得心應手地烹調，「抱歉今天只能做點關東煮喔」地向熟客道歉時，他的心底肯定無比落寞。所幸三代目直孝年幼時就對料理產生興趣，相繼在祇園的老牌招待制割烹「Ina-ume」（いな梅）及「八百忠」修業，像一枚車輪麩一樣，徹底吸飽京都的美味成分後滿載而歸，並肩負起神馬的久年看板。

環顧店內四周，貼滿了泛黃的京都觀光寫真，但真正的四季感，開展於眼前。無論是春夏的賀茂茄子、萬願唐辛子、鱧魚、鱉湯，或是秋冬的黑喉與津居山蟹，直孝用他嫻熟的料理手腕，將居酒屋的料理水平帶至全新境界，連看似平凡無奇的一人小鍋，都不忘在湯碗中添加山椒嫩葉（木の芽）與茗荷點睛，讓人在即將降下寒雪的年末，看見了對於明年春天的期待。

五點準時開門進來時，已經有位阿伯喝得酒酣耳熱，原來是熟客才有的提早通關。「啊啊～也想在京都成為那樣的熟客」，是來訪神馬後，必定會浮現的感慨。在幾家居酒屋的昏黃燈光下，看見京都的文化像潺流不息的鴨川河水一樣，不斷地湧流匯入，也不斷地打進新鮮空氣，其造就出的多樣面貌，置身其中，真的抓得到美味的香魚喔。

Toyama

富山

什麼都很「富足」的富山，站在市區就能看到立山，純淨的融雪泉水供應整個市鎮，連在高級餐廳「L'evo」想點瓶裝水都被侍者拒絕說：「自然水更好喝」。漁產更是豐富多樣，只要以昆布熬煮淡雅的高湯便以足夠，富山人的昆布人均消費量，跟海鮮一樣，皆排名全國第一。

STARBUCKS
COFFEE

Arakawa

あら川

昭和42年
一九六七

北陸新幹線的開通，無疑地增加了造訪金澤與富山的觀光客數，然而要說到形塑富山飲食文化的功勞，「北前船」是一個需要花點篇幅，特別說明的。

江戸時期日本列島的航運，主要分為東迴與西迴兩大航線，從北海道南端的松前出發，經東北、北陸一路南下至下關，進瀨戶內海後，最後回到大阪的北前船，屬於後者的西迴航線。懂得做生意的商人，在北海道大肆收購昆布與虹鱒後，於秋田、富山等港口，一邊卸貨，促成本州高湯文化的成熟，一邊則收購當地顆粒不均的低廉稻米，填載後繼續航行至尾道，尾道原本就有興盛的釀醋文化，將米釀成醋，最後再高價賣回北陸、東北以及終點的北海道，讓如今超市貨架上的調味料龍頭「味滋康」（ミツカン），賺得了雄厚的商業資本。

其實東迴航線（尾道——關西——江戶），與居酒屋文化也有密切關係，前面曾稍微提過。總之，北前船在富山卸下的大量昆布，使得北陸地方品嚐高湯時，更重視呈現昆布風味，與北方寒雪地區添加了發酵過的魚醬湯頭比起來，味型算是單薄了許多。於是當你在金澤車站興沖沖地排了關東煮名店「黑百合」，坐下來一喝，很多人的感想可能是：「我覺得超商還更有味。」不過，雖然單喝少了什麼，但富山的漁產豐富多樣，作為襯托這些鮮魚的角色，淡雅的高湯便以足夠，想想肥美的鰤魚涮涮鍋吧。昆布就這樣進入富山人的日常風景，即便今天北前船已不再航行，富山人的昆布人均消費量，依舊跟海鮮一樣，排名全國第一。

所以走進富山市的居酒屋，必定要點的，除了昆布包裹漬過的鮮魚片外，就屬取昆布墊在小炭爐上烤魚的「昆布燒」了。跨越過路面電車軌道，路邊的商業設施入口大廳，一群人不分男女老幼，圍著電視在幫地方出身的相撲力士朝乃山加油，繞到建築物後邊，總算發現一條算是比較袖珍的歡樂街，創業五十年的「Arakawa」（あら川），四點就開始營業。入座後不囉嗦，迅速點了牡蠣的昆布燒、白子柚醋、鰤魚刺身、醬煮螢烏賊，再加上老闆推薦的幻魚天婦羅。幻魚是一種紡錘大小的深海魚，聽老闆說牠富含膠質，不愧是富山，什麼都很「富足」。站在市區就能看到立山、純淨的融雪泉水供應整個市鎮，連在高級餐廳「L'evo」想點瓶裝水都被侍者拒絕，說「自然水更好喝」。人民有沒有發大財不知道，但自用住宅持有率跟住家面積都是全國第一，不說富裕至少也是有餘裕了，山、水、人都富足的富山，無怪乎縣內的新品牌米，會選用「富富富」這麼可愛的名字。

如果對發酵文化有興趣的朋友，那應該可以追加嘗試「黑造墨魚汁漬」（黒作り）這個鄉土酒肴，拿烏賊肉身與內臟鹽漬一晚↓取肉身洗淨後細切↓加入鹽與味醂為基底的調料後靜置↓取出肉身，與墨液攪拌後熟成一週，當初是加賀藩想吃點新東西，派人去長崎出島學習，結果看到了墨魚義大利麵而得到的靈感，不過富山版的墨魚汁漬個性非常強烈，建議一定要選擇比較認真做料理的居酒屋，不然腥味奇重。幸好 Arakawa 基本上是間割烹，料理手腕值得信任，一道道精緻的小料理，配上如今網路上以極高價販售的「勝駒」[19]，香甜無比，

注 19
富山清都酒造場釀造的日本酒。

富山の酒魚
大衆割烹
あら川

肝タタキ

各種味型均衡地在面前展開，確實覺得自己富足了起來。

問一直笑嘻嘻地偷瞄我們的老闆，怎麼有辦法拿到勝駒？他拿出酒瓶給我們看，在後頭，蓋上了販售酒商的店章，這是自嘲「富山最小規模」的清都酒造，為了確保自己辛苦釀出的酒，每一瓶都能確確實實地以合理價格被販售，一旦有不肖業者偷拿上網抬價，馬上就能查得一清二楚，雖然是不得已的苦肉之計，但也確定了Arakawa，安處於這個地方的互信群組裡。

鮨難波
すし なんば

平成8年
一九九六

以使用人口而言，富山車站算是過分氣派了，不過出了車站稍走個一公里，登上富山縣美術館的頂樓，一邊看著孩童歡樂遊玩佐藤卓設計的遊具，一邊遠眺壯闊的立山群峰，車站的氣派，頓時就變得不算什麼。不只在市區，在國內線的飛機窗景，或者乘坐地方鐵路，到雨晴海岸，連綿的立山山脈，都一直是最美好的遠景，只是連結富山、高岡、雨晴海岸一直到冰見的冰見線（氷見線），實在是比冬天的日本海還要寂寞，跟車廂外殼鮮豔的柘榴紅塗裝一比，更顯車內之清冷，無怪乎在旅行後沒多久，就在報紙看到JR西日本正在檢討要撤廢冰見線的消息。

冰見是富山西北側的一個漁港小城，最著名的產物，就是十一月下旬開始捕撈上岸的寒鰤（寒ブリ）。現在在台灣的壽司吧檯，鰤魚（又名青甘）已經是個廣為人知的吸睛商品，油脂肥美不膩，如果再用瓦斯槍炙燒表面，肯定就要登上當晚的 IG 限時動態，所以一直有種「牠是高價魚類」的錯覺。好吧，也不算完全錯，只是鰤魚是日本養殖魚類中，被消費最多的一種，養殖技術精良，一年四季都是產季，在超市，一大片魚排，只要一百日圓，照燒鰤魚配獅子唐，成了許多剛開始自炊的遊子必經的訓練過程。

然而，吃養殖的鰤魚，只算吃到了環繞著它的文化的一小小部分而已。嚴格說起來，鰤魚沒有所謂的產季，因為在它生命週期裡的任何時刻，都會被抓來吃，ワカシ、イナダ、ワラサ、ハマチ、メジロ等，指的都是同一種魚，根據體型大小不同而有了各種稱呼。在富山，長到六公斤以上的天然物，才有資格被冠上「冰見寒鰤」（氷見寒ブリ）的稱號，身價並隨之水漲船高。古代的武士在成年（出世）後，有改名的習慣，而鰤魚也同樣是長大之後改名，所以牠又被稱作是「出世魚」的代表。出了社會的寒鰤，除了被居酒屋的老闆整尾買走以外，其實，還有一個意外的買家：新婚夫妻。

壽司店「鮨難波」的難波師傅出身岡山，到富山開店，並與富山人結婚，最令他驚訝的習俗就是結婚後的一年內，丈夫要負責買一尾十公斤級的鰤魚，寄送到娘家，作為一種財力與誠意的證明。收到魚後，娘家會片下一半的魚身，再將剩下的半尾回寄給小倆口，則是象徵未來仍共吃同一鍋飯的緊密聯繫。娘家知道他是做壽司的，片魚技術肯定過人，便要他不用麻煩了，直接寄處理好的半尾來吧！

一般來說，整尾寒鰤大約是三到五萬，以聘金來說不算太貴，但總有遇到漁況不佳的年頭，難波師傅就曾遇過一尾叫價三十萬的情況，不過即使如此，客人還是來拜託他，請一定要幫忙買到，似乎可以窺見，鰤魚（還是娘家？）在富山人心中的價值，是有多麼與眾不同。

灘屋

食彩居酒屋　灘や

不過我們坐在冰見站前商店街的居酒屋「灘屋」（灘や）裡，不用向誰拜託，只要按個鈕點餐，鰤魚涮涮鍋就會送到桌前。鰤魚一輩子都在冰冷的日本海遊蕩，進入富山灣後，水波平穩，據說食慾也大增，於是冰見的寒鰤，硬是比隔壁縣的能登寒鰤要肥上一圈。看見這鮮紅的血合與泛著珠光的肉身，確實不用什麼旨味濃厚的高湯，昆布入水煮滾，配上青蔥、水菜跟一點柚子皮清涮，就足夠讓肚子肥一圈。餐後不煮雜炊，更適合配的是細幅手打冰見烏龍麵，這麵條名氣雖不及其他烏龍麵，但跟大門素麵包裝都屬精美，當伴手禮或是買回家自用，拌沙茶、拌炸醬，也是十分享受。

老闆在這條街上已經生活了六十五年，想必清楚見證了它的興衰，從前假日專程跑來買魚的客人多，加上一車一車的觀光團，如今物流系統完善，就算在東京都，也吃得到用新幹線急送過來的漁獲，遠赴漁港的動力應聲下滑，人潮自然也就遠離冰見，並反映在其慘澹的乘車人數，到了晚間，即使是週末，街上除了販賣機，就剩下兩三家居酒屋，以及國高中生的補習班了。

灘屋店舖深處有大包廂，依稀看得出忙碌接團客的往昔榮景，而週日晚上依舊燈火通明的補習班呢？或許述說著，努力考上好學校，趕快離開這地方的矛盾心情吧。走回車站前，試圖多拍幾張這寂寞的街，然而，連路燈都不亮，胃肚雖然溫暖，心情卻有著揮不去的哀愁。

Kanazawa

金澤

金澤則是少數幸運能夠完整保留其歷史資產的都市， 二戰時本部設在金澤的第九師團，因主力全派到台灣駐守，美軍研判空襲的打擊不大，就這樣路過往東飛，所以今天才能夠在東茶屋街，一邊吃著金箔冰淇淋，一邊體會原汁原味地加賀藩城下町時期的繁榮年華。在這樣的土地上，料理首重華美器皿，再求能夠搭配襯色的食材；著重美味，更重排場。

Respiracion

レスピラシオン

隨著對日本飲食文化的認識加深、造訪縣市的增加，應該不難發現一個問題：特產怎麼都是海鮮？不過這也沒辦法，交匯的洋流、曲折的海岸、天然的良港等地理條件，再加上一直到明治四年（一八七一年）日本才對肉食解禁的緣故（指的是牛羊豬等畜養動物），島國的魚食文化想要不發展得成熟都不行。

但就算放在這個背景下看，由於先前提到的北前船昆布，以及近畿傳來的高湯、釀醋文化影響，北陸人嚐海鮮的味覺，似乎還是比其他港都來得更加纖細，層次也更加豐富。迴轉壽司是一個很好的對照組，不管是連鎖的「滿滿壽司」（もりもり寿し），或是市區內能吃到漁港直送鮮魚的「吃壽司吧！」（すし食いねぇ，店名來自曾紅極一時的「澀柿子隊」歌曲），處理魚料的成熟度，醋漬的分寸，完全彌補了師傅捏製時的技術差異，一吃就知道，甚至贏過都內不少不會轉的壽司吧檯。

雖然在旅行社的宣傳手冊上，用「北陸」統稱富山和金澤，但若要探討其文化和飲食，還是必須分開來講，這鄰近的兩座城市，不管是城市命運、人民性格或是發展規格，都大不相同。

先再講點富山，由隈研吾設計，近年成為城市新地標的富山市玻璃美術館，內部就像一座天神遺落在人世的萬花筒，老頑童盡情玩弄堅韌與柔軟的素材，非常奇妙。在它的入口處，保留了一小塊有年代的水泥磚瓦，那屬於大和百貨，二戰期間富山曾遭受過毀滅性的空襲，據資料所說，市區內百分之九十九的建物都被夷平，只有大和百貨在戰火中依然矗立，並因此成了富山人戰後重建的精神象徵。不過抵擋過轟炸，卻抵擋不了時間的浪潮，大和百貨最終還是被拆除，在瓦礫中，以玻璃美術館兼圖書館的「TOYAMA キラリ」之姿態重生。

金澤則是少數幸運能夠完整保留其歷史資產的都市，相較於隔壁工業設施眾多，當時本部設在金澤的第九師團，主力全去了台灣駐守，美軍研判空襲的打擊不大，就這樣路過往東飛，並將大和百貨以外的富山市區，歸零。所以今天我們才能夠在東茶屋街，一邊吃著金箔冰淇淋，一邊原汁原味地體會加賀藩城下町時期的繁榮年華。在這樣的土地上，料理更重視的是排場，也因此，以我的體驗而言，富山捕獲的海鮮種類更為豐富，喜歡用昆布襯托，淡泊風味中帶點回甘；金澤則是首重華美器皿，再求能夠搭配襯色的食材，要說暴發戶感，確實無法否認，畢竟滿街都是金箔商品。

命運不同，但兩地的海鮮其實沒有顯著差異，就是青菜蘿蔔，喜好問題。所以有身段柔軟，願意採用隔壁棚海鮮的店家；也有頑固堅持，非得石川開場石川結尾的人，譬如筆者的愛店，也同時已經變成好朋友的「respiracion」，屬於後者，經營團隊的三人是高中同學，畢業後去了不同的地方修業，東京也好，巴塞隆納也好，將近二十年後，風箏收線飛回了這個多雨的城鎮，同學團聚，在近江町市場的邊上，一起開了間主打石川縣風、土、人的餐廳。

respiracion

每逢十一至十二月，是石川特產「香箱蟹」的季節，一樣都是螃蟹，小小身軀的香箱蟹，卻特別仰賴廚師手藝，不是一股腦兒川燙就好，譬如金澤車站的關東煮名店黑百合，端出的香箱蟹就不太優秀。

要是想吃到食材真正的美味，建議在喝完「東出珈琲店」的自家烘焙特調後，走進 respiracion。特製香箱蟹的海鮮燉飯（非香箱蟹產季的話，則會有高級魚黑喉），與膽固醇一起帶來的飆高幸福感，是筆者說什麼也想在居酒屋專書裡介紹西班牙菜餐廳的理由。

牡蠣小屋海

かき処 海

昭和35年
一九六〇

早上九點不到，搭上特急「能登篝火」（能登かがり火）這班一樣具有浪漫命名的列車北上，直入能登高遙望能登島的能登中島（繞口令？），兩個小時的車程，就是為了可以在十一點一開門，吃到第一批當日最新鮮的牡蠣。篝火台是能登半島夏日祭典不可或缺，能點亮異世界色彩的重要物件，但大白天來，在港口只見一堆堆牡蠣殼，這氣味讓我懷念起自己的老家：鹿港。

鹿港廟口的蚵仔煎，由於反正都會客滿，沒什麼競爭，多年下來各家集體變得平庸。但是「牡蠣小屋海」（かき処 海），則是此地人氣與品質特別突出的牡蠣專門店，店面緊貼岸邊而建，牡蠣船就像在買得來速一樣，駛近窗邊，並直接用吊臂，將裝滿牡蠣的漁網送入店內。除非你能像海女一樣潛入水裡偷摘幾顆，不然我想不到哪裡有比這更「青」的牡蠣了。

菜單多樣，但點「波套餐」（波コース）最簡單且划算，除了兩人直接發一籃牡蠣，用面前的炭爐現烤，還有一盤肥滋滋的炸牡蠣，以及凝縮大海鮮甜的牡蠣釜飯，吃了一堆依舊有足夠預算能點幾杯生啤與醬煮牡蠣（大滿足），「沒有預約就坐不進來」的人氣名副其實。

回程搭著普通電車，窗戶大又乾淨，彷彿在用一台六十吋的４Ｋ電視，收看老牌旅遊節目《從世界的車窗》（世界の車窓から），而本日播放的主題是〈世界農業遺產能登的里山里海〉，只是單論窗景，能看見雨晴海岸的冰見線應該一點不輸，怎麼這些年來搭乘人數就是拉抬不起來，不免替它感到惋惜。

若葉

わかば

昭和10年
一九三五

金澤這城鎮的浪漫情調，基本上與「雨」脫不了關係，「可以忘了便當但不能忘了傘」。不過再怎麼浪漫，到了冬天再遇上雨，身體的細胞都要發出悲鳴，想喝點熱湯，推薦來吃個金澤關東煮（金沢おでん）。

片町一帶有好幾家緊鄰的名店，三幸、赤玉、高砂、菊一，大概都得排隊，不妨搭上公車，前往已經遠離繁華的石引商店街，創業八十餘年，「若葉」的紅燈籠，就在公車站牌對面等著。附近是大學與醫院，入夜後接近寂寞的安靜，然而一拉開門，三十餘個位子座無虛席，熱鬧氣氛跟著湯煙填滿了店內各角落。

軍容壯盛的關東煮大閱兵就在面前，一時之間陷入狂喜，反而無法做出選擇。鄰座的老夫妻「就跟上次的一樣吧」，兩串牛筋、梅貝，以及本店招牌大顆沙丁魚丸，很棒的開場。我跟著照點，再加上蘿蔔與車麩，賣相最好的水煮蛋反而沒點，因為一口咬下吸飽高雅湯汁的蘿蔔，五感的滿足中樞，就已經被刺激到超過閾值，不追求在地蘿蔔，只要夠甜，老闆說哪個產地都行。喜歡刺激風味的，可以點冬天的涮芹菜；喜歡肉脂香的，就追加塗滿白味噌的土手燒。不知不覺，眼前的酒杯已空，舉手追加一盅熱酒，白髮的阿姨拿著老家也會有的懷舊熱水瓶過來，本以為是要幫我們添熱湯，沒想到裡頭裝的就是熱酒，這樣的形式，不管是八十年前或現在，都算是前衛無比啊。

右手邊的大叔也是常客，但臉色不是太好，原來先前住院了好一陣子，現在順利痊癒。「能吃到這裡的關東煮，沒有什麼比這更好的事情。」他說。

「金澤關東煮」其實是近年媒體創造出來的名詞，在地人並沒有特別推崇，就連第三代店主吉川政史先生，也說不出「金澤關東煮」具體有什麼特徵。他只知道，每天早上九點來店裡備料，提供上好的昆布高湯、最低限的調味、豐富的魚漿製品，以及迅速的服務，就是若葉一直以來，用來溫暖金澤居民的方法。

Hokkaido

北海道

「生在北海道，實在是很衰。」即便擁有好山好水，農林漁生產量高踞全國，漁村「猿拂村」居民所得稅更僅次於東京都港區與千代田區，為全國第三，仍然擺脫不了酷寒嚴冬、寂寥景色及文化差異造成低落的自我價值，這樣的心情也許也反映在「雜魚屋」、「獨酌三四郎」這些店名上。

LAVATORY

雜魚屋

雜魚や

早上十點四十五分從羽田坐上飛機，稍微閉目養神，欸，竟然就準備要降落在日本領土的最北端——稚內。班機乘客挺多，清一色都是大叔，在週末上午搭飛機怎麼看都不像是出差，偷聽了一下內容，原來是要去參加什麼頒獎典禮。頒獎典禮？帶著疑問，走下寒氣從縫隙鑽入的空橋，第一次，來到了稚內這個北國小鎮，隔著海，能遙望俄國流放之地：樺太。

比起回故鄉鹿港時前前後後得轉八次車、耗費將近十小時的奔波，一百分鐘就結束的飛行航程，某種程度稀釋了旅情濃度。在機場拿完行李，刷卡買票，轉乘巴士，體感上，與去其他地方都市，沒有太大不同。巴士啟動後，窗外的景色，始終是看不見邊際的荒野（再一下就會變成雪原了吧），不禁懷疑真的有開出機場嗎？載著剛剛同一班機的人，往市區前進。

沿著海岸線行走，途經一間名叫「望鄉飯店」的汽車旅館，吸引了我的目光。如果從這個角度眺望，物理上是看不見南國的那個靠海的古城，但是，我也知道，留下車輪痕跡的這片土地，並不是我的家鄉，所以還是能夠把「家鄉」的概念、情感，寄託給鄂霍次克海的波湧，看著「望鄉」，才剛說稀薄的旅情，突然就在胸口解壓縮開來，一時無所適從。

到幾年前為止，稚內與樺太還有快艇連接，走出最北端的車站，穿過鎮上唯一的網美景點「防波堤ドーム」，不用淋雨淋雪，就能接乘上船。但因北方領土（根室外海的北方四島）之爭，日俄關係僵化，使用者少，航路停了，只剩國道路標還繼續標記著俄文，與鐵門半掩珠寶店的俄文招牌，成為鎮上日漸褪色的俄國色彩。經過好幾間熟知的日系連鎖商旅，以及充斥 costco 才看得到的美式食材品牌的超市，「這裡到底是哪一國啊？」搞得頭腦有些錯亂。

前往南稚內站的電車，整個晚上只有三班，時間得抓非常精準。搭佐呂別號列車（サロベツ），僅一站便來到南稚內站，今晚的目標，是從機場搭車過來時

定期券・回数券
わっかない号
予約・乗車券
発売所
宗谷バス㈱潮見待合所
32-5033
旅館
望郷

就已經看到的「雜魚屋」（雑魚や）。雜魚指的是捕魚收網上船，一同被撈上的經濟價值較低的小魚。或許主人是想效法棒球名將野村克也「月見草」精神[20]吧，雖然是不起眼的存在，但還是可以有自己的風味喔。

L型的吧檯，加上和室三桌，貌似家族經營，四十歲前後的夫妻，與來幫忙的高中生女兒，姑且以這樣的人設，開啟今日的晚餐。我看過日本各式各樣材質的筷架，以一尾小魚乾當作筷架的雜魚屋，當屬其中格外有情調的。菜單上倒是不見什麼雜魚，本日推薦的黑板上，有因容易腐壞而難處理的秋刀魚生魚片，當然要點來吃。

爸爸負責所有食材的前置作業，開始俐落地在流水下現殺起魚，在廚房後端有座磚頭砌出的炭烤台，則由媽媽掌杓。至於女兒，扛下剩餘的全般雜務，出菜、接電話、做酒、補貨、收盤子、洗碗，這三人的小組合作，如果專業的餐飲經營者看到，肯定重金挖角。倒不是神到完全用眼神傳遞訊息，但彼此注意出菜速度，炸物快炸好時，盤飾沙拉是否備妥；剛剛客人追加的酒，是不是已

注 20
2020 年逝世的野村克曾說：「如果長嶋茂雄、王貞治像是太陽下盛開的向日葵，我則像是在人們沒注意到的角落中默默綻放的月見草。」

雑魚や

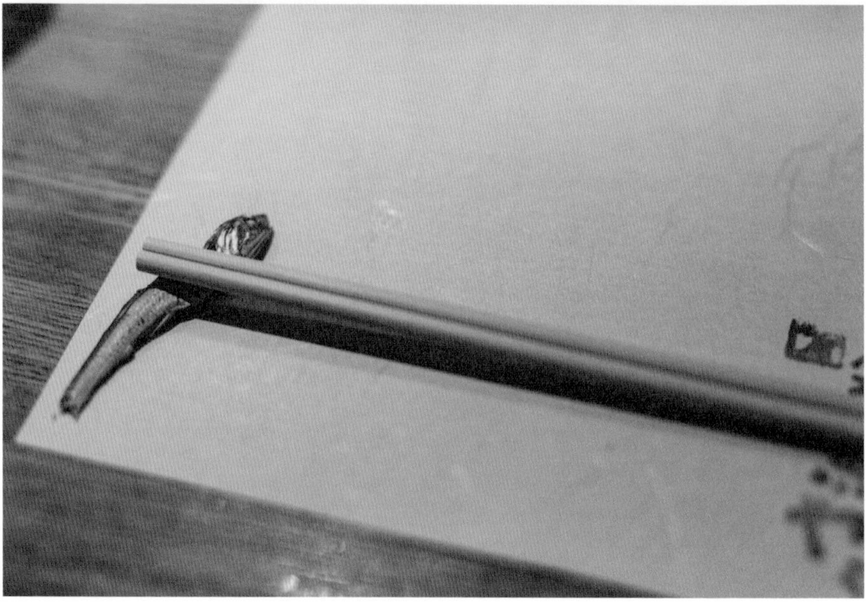

經上桌，因為生魚片切好要上了等等，整餐吃下來，沒有聽到任何一次「我們點的餐怎麼還沒來……」的抱怨。

月曆上寫滿了預約芳名與電話，正好是客人們用餐滿意度的最佳佐證。回稚內的電車，如果錯過晚上七點四十六分那班，就得等到十一點四十三分才有車，深知客人心裡的忐忑，三人小組不得不訓練出如此的默契。讓我想到台灣早餐店的場景，不也是這樣嗎？（稍晚來了另一位工讀生，突然就破壞了這般默契，但也形成另種令我忍俊不禁的有趣畫面。）

回過神來，滿桌已是料理，前菜是水章魚佐白味噌醬，稚內的章魚捕撈量，其實是日本第一，雖然不像明石地方歷經激流鍛鍊後地有彈性，但冷冽的海水，讓甜味變得清澈淡雅。秋刀魚鮮度夠好，自然是美味，特別是在近年秋刀魚歉收的狀況下，能吃到就得多抱持三分感恩。用炭火直烤的花魚雖夠味，不過知床產的宗八鰈魚一夜干，油脂豐美，更是精彩。就算是在吃魚大國日本，要吃到火候掌握滿分的烤魚，其實也並非容易的事，現在回顧起來，或許在這裡，就已經把最好吃的烤魚，給吃掉了。

在網路一端的朋友，看著菜單，慫恿我點雜炊收尾，大概是離發車時刻近了，雜炊放在大口鐵鍋裡強火滾煮，使得每個米粒都能盡情地享受按摩水浴，昆布湯汁則伺機從表面破口鑽入浸潤，縱使不是什麼間人蟹、月輪熊、比內地雞……，僅僅是平凡的綜合菇類，但一碗喝下，威力似乎更勝站著吃的拉麵，暖到核心肌群裡去。塔塔醬也好，檸檬沙瓦的檸檬也好，跟雜炊的菇類一樣，都是業務超市能買到的材料，可是只要用心調理，配合適切的服務，一樣能成為值得被推薦到海外的好店。

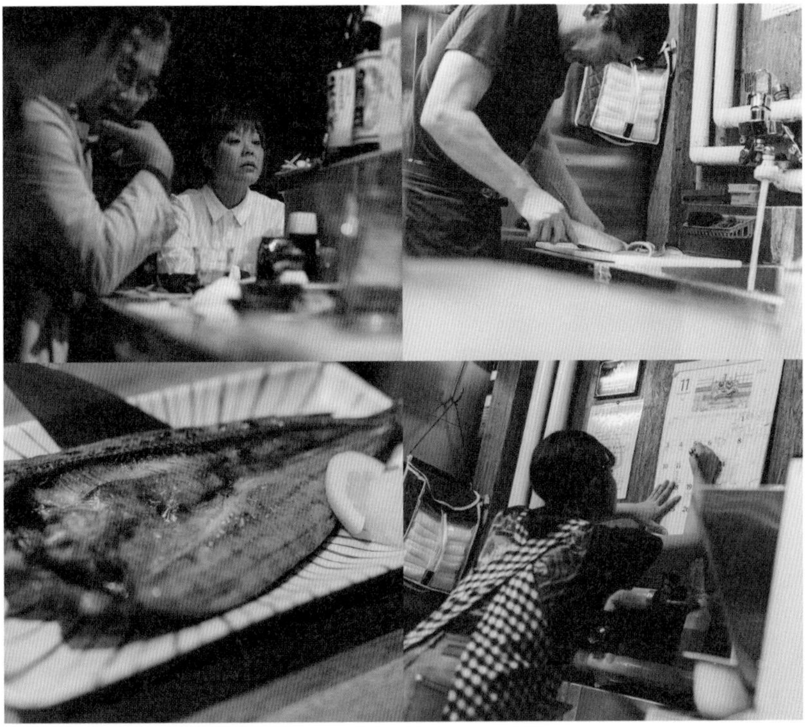

間宮堂

間宮堂

隔天起床，坐上公車，前往日本國土真正的最北端——宗谷岬。北風與太陽故事中的北風，一下車就開始無情地打眾旅人的臉，一瞬間真的有被打到靈體脫離的錯覺，即使沒有路標告知與東京的距離，也總算確定自己來到了可稱作天涯海角的彼方。

小丘上的慰靈碑，述說曾發生激烈海戰的過去，那是多麼孤獨的死亡呀，在沉入接近無限透明的海裡前，希望他們至少看見一眼家鄉的模樣。身後，有一間看似該被風吹垮卻顯然無動於衷的老舊小屋「間宮堂」，賣著干貝拉麵。

對比窗外荒寥的風景，鄰近的漁村「猿拂村」（猿払村），其居民平均課稅對象所得，卻是全國前三，僅次於東京都港區與千代田區，年均八百萬日圓。他們的高所得來自於豐富的干貝收穫，原本還是俗語「想看窮苦生活就去猿拂村吧」揶揄的對象，在七〇年代之後有計畫地投入干貝種苗，並且控制打撈量，永續發展的概念，成功地讓極北之地的小漁村翻身。玩耍的小朋友，口袋拿出的零嘴是干貝糖，端上來的鹽味拉麵，自然也是無數干貝的凝縮精華，爆棚的鮮味，被車輪麩吸得飽飽，如果還有胃口，應該也要試試咖哩飯，就像東京人喜歡在立食蕎麥點咖哩飯一樣，用日式高湯煮的咖哩，別具一番優雅韻味。

桌上的熱茶杯，杯身用北海道方言寫著「生在北海道，實在是很衰」。不是不能理解這種自嘲，農林漁生產量都高踞全國，也擁有好山好水，但無法否認長年以來被孤立在主流以外的事實[21]，超市內錯立的各種價值觀，或許正反映了在地居民究竟要擁抱哪種文化的糾葛心情。再度搭上特急宗谷號準備前往札幌，車程雖然要五個多小時，但我不以為苦，因為，我的家人在札幌等著跟我合流。旅人，終於一解望不見的鄉愁。

在札幌與家人會合，溫暖擁抱，送他們坐上前往小樽，並附有會講中文車掌的

注 21
根據《愛奴人的研究導論》（アイヌ学入門）一書的說法是，愛奴人有許多與本州人交流、交易的機會，可是最終選擇保守自己的文化，不讓本州文化侵門踏戶。

獨酌三四郎

独酌三四郎

一日在地遊巴士後，暫時放心脫隊（喂），再度跳上特急列車丁香號（ライラック，為札幌市的市樹）前往北方曠野。JR北海道雖然有許多賠錢路段，在集團的董事會上，肯定是不太得寵，但旗下列車的名字意韻特別能激發旅情，像是大雪、大空（おおぞら）、北斗、北海、快速深夜號（快速ミッドナイト）等等。望著（擦得不甚乾淨的）車窗外，無憂無慮的放牧牛隻，想到的卻是賽馬們的餘生。一般來說，馬匹如果哪天站不起來，馬主見狀，便會選擇安樂死，因為無法站，代表牠已病到無法痊癒。所以生涯戰績輝煌，總獎金高達十四億日圓的名駒「Deep Impact」（ディープインパクト）引退後享受到的特別待遇，就是不需要關在馬廄裡等待安樂死，而是能來到北海道，拿掉眼罩，盡情、安樂地在這片荒野上追逐落日。

昭和21年

一九四六

列車預計在下午四時五十五分抵達旭川，這樣五點店家一開門，就能迅速鑽入。利用坐車的空檔，來聊聊我如何組織取材的名單。賦予平凡酒食不同溫度與深度的《深夜食堂》與《孤獨的美食家》這兩部作品，不只在今天給了海外旅客許多踩點指引，其實對日本年輕人來說，也是很重要的啟蒙。十多年前的大眾酒場，幾乎等同於藍領階級以及日雇工的代名詞，大學生或上班族要約居酒屋聚會，就是直覺地選擇站前的和民、魚民、笑笑這種連鎖店，吃吃薯條、毛豆加上一千五百日圓喝通海。然而沒有感情的食物、一味灌酒的無趣，以及對於「應酬」（飲み会）本身的反動，前述的作品可說是剛好抓住了時下人們的心底渴求，一樣要花錢，何不做出更有意思的選擇，消費者心態的轉變，才讓越來越多人鼓起勇氣，拉開大人酒場的門，從消費方式學習起，進而瞭解酒場的潛規則，並開始享受酒場魅力。

而從前放在書店蒙塵的酒場紀行散文，也才隨之重新受到矚目，其中名聲最響亮的當屬太田和彥先生，他的代表作《居酒屋百名山》系統清楚，十分好讀，文章不長，但門口的世界一下子就在腦海裡建模起來，外觀不用華美，他更重視的是店主性格，甚至有種拿對話來下酒的趣味。擅長速寫的他，畫作除了用在書中扉頁，也會將原稿連同一個酒盃致贈給店家，這只「百名盃」，在居酒屋界可說是堪比米其林的至上榮耀，我已經見過不少，畢竟我，一直追隨著他的腳步。而吉田類先生則是另一位酒場文化的重要推手，一身黑衣，加上貝雷帽，是這位酒場詩人的註冊商標，打開電視，收看他所主持的外景節目《酒場放浪記》，總是有種要被渦流吸進大人世界的幻覺，不過七十歲還能這樣大口喝酒，經歷過再多苦難、滄桑，也都算是苦盡甘來了。

複習完太田先生的書，列車也駛入旭川站的月台，著名的旭山動物園，沒在車站建築內留下太多足跡，空間多半都留給了地方的另外一個驕傲——旭川家具——來揮灑。鄰近大雪山脈豐沛的林木資源，加上政府民間有計畫地重點栽培，旭川在近五十年逐漸茁壯成一個能舉辦國際設計展的家具重鎮，並由三十餘間大小工房，共同維護旭川家具的品牌價值。而作為玄關口，由建築家內藤廣設計的旭川車站，自然大量地使用具代表性的在地水曲柳，並鋪上了真材實料的木質地板，寬敞的候車空間，一度還以為是來到了大倉飯店的迎賓廳，當

JR 旭川駅
ASAHIKAWA STATION

地的學子等車之餘，就在這裡，享受最高品質的自習時間。

來的這天並沒有下雪，確實是少了一點情調，不過今晚的目標離車站有些距離，隨著離 google map 上的紅標越來越近，路燈的間距逐漸加寬，趕路的喘息聲，被冷冽的空氣吸收，寂寥的車燈，緩緩在視野裡，留下彷彿試妝時手背上的鵝黃光暈，一切設定，都已經很符合這間店的店名：「獨酌三四郎」（独酌三四郎）。

還沒拉開第二扇門，已經瞥見冰櫃裡充實的日本酒陣容，在整塊原木削成的吧檯前坐定，菜單也是由濃厚旭川色彩的木皮薄製而成。這裡的開胃前菜，是從昭和二十一年創業以來都沒變過的醋溜大豆，配上一小碟鹽漬利尻海膽，以及在地高砂酒造的「國士無雙」作為今晚獨酌的開端。不過包場獨酌的時光沒有太長，在招牌的「九樣媽媽手路小菜集錦」上桌前，留著泡麵頭的鄰居大嬸已經入座，並馬上開啟製作醬菜的話題。

四季の肴
焼酎 三四郎

很可惜今晚並沒遇到電視劇中曾登場，被太田和彥譽為三大居酒屋女將的太太，取而代之的是沉穩寡言，一邊義務性地回球給大嬸，一邊顧著炭爐的店主，以及染了一頭阿寒湖綠球藻色頭髮，笑容盈盈的斟酒青年。

如果胃口不大，小菜集錦再配點烤魚及白飯，其實已經非常滿足，但我的腳步怎能在此停下，放過這裡最著名的新子燒呢？不少朋友可能耳聞過日本人不敢吃雞腳，沒錯，這是真的，如果雞肉經過處理、切丁，並美美地盛裝在灑了假金粉的保麗龍盤上，大概什麼部位都吃；可是如果抓一隻現宰土雞，即使再新鮮、肉質再好，他們只要看到那顆頭那對腳，以及整個身體曲線，這些能夠辨認出牠曾是生命的證據，就會斷然拒絕。所以，旭川的新子燒與香川的手扒雞（骨付鳥），是日本非常稀少的烤半雞選擇。名稱「新子」的由來眾說紛紜，較有力的說法是受了「出世魚」之一：小肌魚的影響，跟富山的寒鰤一樣，生長過程中，其稱謂不斷改變，在成為小肌前的那段期間，被稱作「新子」，而旭川新子燒選用的是較年輕的嫩雞，得其名似乎也有些道理。

將切半的新子雞放上烤網，等待的前半段時間，店內空氣彷彿凝結，就像牆上掛的 Michael Keena 長曝攝影作品一樣，需要投注悠長的時間，才能完成。他以北海道系列作而成名，可是這裡掛的卻是〇七年的「琵琶湖大鳥居」……畢竟這些成名作，對道民來說，不過是唾手可得的風景罷了。

整組炭灶已經使用半世紀以上，而清水燒的溫酒器直接擺在上頭，與雞肉一起加熱，別具野趣。等到肚子稍微消化出空間，烤雞的香氣也才隨著油脂滾燙的嗶啵聲響，慢慢迸發出來。上桌前的最後階段，店主再拿盤子反轉蓋在其上，讓肉香能夠燻烤其表面，也將甘甜不膩的醬汁抓得更牢，至於抓不住的，那些從間隙逃竄的芳醇氣息，則選擇附著在已經泛黃到超越電球色的壁紙、菜單，以及 Michael Keena 的作品裱紙上，一同成為雪夜裡造訪此地旅人們的記憶。

五醍

酒庵 五醍

昭和38年
一九六三

半雞斬成五段，平均每兩塊就能配一碗白飯的美妙滋味，在乘車回到札幌之後，依舊難以忘懷，於是追隨書本，再訂了市內的烤魚居酒屋「五醍」，想說也帶家人去體驗一下居酒文化的美好，結果是個失敗……。

倒不是店家不好，事實上氣氛絕佳，根本是飲兵衛的天堂，宛如山小屋一般的空間，堅實厚重的窗框，除了抵禦不停吹拂的北風，也將烤魚的炊煙，完整地保留在十坪大的空間裡，使吊掛在橫梁下的一夜干，在上炭爐前早就已被美味微粒浸潤，豈有不好吃的道理，被選作百名山，完全實至名歸。

然而這裡貫徹居酒屋的定義，只提供酒精飲料，除海鮮外，蔬菜的種類也不多，下酒可以，但吃飽則需大傷腦筋。招牌的金目鯛，訂價更是將近一張大鈔，母

親看到時，眼睛也是欲要跳出（不過確實非常美味，除火烤外，還另附鮮美的魚頭湯暖胃）。

比起盤腿正坐的痠麻，用餐過程中，家人的臉色才是令人如坐針氈，趕緊結帳，帶去附近的成吉思汗烤肉店「開動啦。」（いただきます。）續攤。窗明几淨，酒客大聲歡笑，回頭一看，母親已經緊握烤肉夾，融入其他客人，大聲歡笑，飲酒（烏龍茶兌燒酒）、吃肉（少見的國產薩福克羊，不羶），挑戰百名山的計畫，下次還是自己脫隊去吧。

Hello Design 叢書 HDI0054

日本老舖居酒屋，乾杯！

作　　者──施清元 Osullivan
副 主 編──黃筱涵
封面 / 版型設計── Bianco
企劃經理──何靜婷
內頁排版──藍天圖物宣字社

編輯總監──蘇清霖
董 事 長──趙政岷
出 版 者──時報文化出版企業股份有限公司
108019 台北市和平西路三段 240 號 4 樓
發行專線─(02)2306-6842
讀者服務專線─0800-231-705、(02)2304-7103
讀者服務傳真─(02)2304-6858
郵撥─19344724 時報文化出版公司
信箱─10899 臺北華江橋郵局第 99 信箱
時報悅讀網─ http://www.readingtimes.com.tw
法律顧問─理律法律事務所 陳長文律師、李念祖律師
印　　刷─和楹印刷有限公司
一版一刷─ 2021 年 01 月 22 日
定　　價─新台幣 450 元

ISBN 978-957-13-8539-6

時報文化出版公司成立於一九七五年，
並於一九九九年股票上櫃公開發行，
於二〇〇八年脫離中時集團非屬旺中，以「尊重智慧與創意的文化事業」為信念。

日本老舖居酒屋，乾杯！/ 施清元（Osullivan）著 . -- 一版 .
-- 臺北市：時報文化出版企業股份有限公司，2021.01
面；　公分 . --（Hello Design 叢書；HDI0054）
ISBN 978-957-13-8539-6（平裝）

1. 餐廳 2. 餐飲業 3. 日本

483.8　　109022181